謎解き・海洋と大気の物理

地球規模でおきる「流れ」のしくみ

保坂直紀　著

ブルーバックス

カバー装幀／芦澤泰偉・児崎雅淑
目次・章扉デザイン／津幡文毅
写真提供／海洋科学技術センター
本文図版／さくら工芸社

まえがき

「海」といわれて、どのような光景が頭に浮かぶだろうか。

青い海。広い海。あるいは、子供のころ連れていってもらった海水浴や潮干狩りの楽しい思い出かもしれない。夏が近づき太陽がギラギラしてくると、もう海で遊びたくて気はそぞろという人も少なくないだろう。

旅にでて海べりの魚屋をのぞくと、見知らぬ魚が並んでいて驚くことがある。きっとその土地では、昔からあたりまえのように食べている魚。こんなとき、地球には海というものがあって、わたしたちの暮らしにしっかりと結びついていることを、あらためて実感する。

海とわたしたちとの結びつきは、さらに大きなスケールにまで広がっている。暑かったり寒かったり、たくさん雨が降ったり日照りになったりする地球の気候は、じつは海を抜きには語れない。

エルニーニョによる世界各地の天候不順や、大気中に二酸化炭素が急激に増えることで引きおこされる地球温暖化。地球全体にまたがる大規模な気候の変動で海が関係しないものは、まずない。地球の気候は海が決めているといってもよいだろう。この本では、その海と大気の話をしていきたい。

海の研究には、いろいろな分野がある。イワシの漁獲量を調べたりする水産学や、深海にすむ新種の生き物を探すような海洋生物学、それに海の汚染状況をモニターする海洋化学なども海の研究だ。

この本に登場するのは、そのなかでも「海洋物理学」とよばれる分野の話だ。どうして海には海流があるのか。水温の高い海域と低い海域があるのはなぜなのか。エルニーニョはどのようなしくみで発生するのか。このような素朴な疑問に物理学の助けを借りながら迫っていくのが海洋物理学だ。

地球の気候は、海流や海面水温に大きく左右される。海の状態が変化してしまえば、それを追うように気候も変わる。ちょっとやっかいなのは、その逆もあることだ。気候が変われば海も変わる。そして海が変われば、また気候も変わる。地球の気候と海の状態は、お互いが影響しあう複雑なシステムなのだ。それをできるだけ単純に解きほぐして、わかりやすく説明していこう。

コマのように自転する地球の上を流れている海流には、わたしたちの常識では考えられないようなことがおきる。たとえば、水が高いところから低いところへは流れない。日本の南を流れる黒潮のような強い海流は、不思議なことに太平洋や大西洋のような大きな海の西の端にしかできない。こんな不思議に出合えるのも、海や大気の魅力のひとつだ。

これから、地球上に海流が生まれるメカニズムを縦糸に、そして海と気候とのかかわりを横糸にして、海洋と大気の謎解きをはじめよう。大海原や広大な空でおきている不思議な現象が、うんと身近に感じられるようになるはずだ。

この本では、数式はまったく使っていない。説明に物理学の考え方は使っているが、細かい知識はなくても大丈夫。その場その場で初歩から説明した。

著者は学者ではなく新聞記者だから、思い切りのよさが身上だ。読んでもらえなければ、書いたってしかたがない。気象予報士の資格も取ってはみたが、しょせんは素人。難しい説明をたくさん読むつらさはよくわかる。厳密だが歯を食いしばって読まなければならない教科書のようではつまらない。難しいところはサラリとかわし、気づいたときには「ああ面白かった」と読み終えている小説のような本にしたい。そう思いながら書いた。

どこをサラリとかわしたかを知りたければ、巻末の参考文献などを頼りに専門書を読んでみてほしい。この本がそのためのきっかけにもなれば幸いだ。

さあ、前口上はこれでおしまい。青く広い海と空の謎解きに、さっそく入っていこう。

もくじ

第3章 海流と気流のシステム　99

序　章

海洋と大気の世界へようこそ！

海を測る乗物・道具シリーズ　＜その１＞

海洋観測船「みらい」

かつての原子力船「むつ」を改造して作られた世界最大級の海洋観測船。原子炉は取り除かれており、全長は約129メートル、総トン数は8687トン。結氷している海域以外のほとんどの海を航行可能だ。

ブイに託されたメッセージ

太平洋のまんなかに浮かぶハワイ島の海岸で、日本から流れついた海洋観測ブイを発見――。一九九九年一月一六日、ハワイの新聞にこんな記事が載った。地元の人が、なにか面白いものが海岸に打ちあげられていないかと探していたら、この黄色いブイをみつけたというのだ。ブイに書かれていた表示をもとに、インターネットを使って持ち主である東海大学海洋学部を探しあてたのだという。

記事によると、このブイは、海に浮かべて、海にどのような流れがあるかを調べるためのもの。東海大学の研究者が、九一年七月に日本の沖あいで投入した一八個のうちの一個だ。ブイが発見されたのは九八年の一〇月。行方不明になっていたブイが、約七年かかって六五〇〇キロメートルも離れたこの海岸でみつかったことになる。

もちろん、日本からこの海岸に一直線に流れてきたわけではなく、きっと途中でいろいろな渦に巻きこまれたり、行ったり来たりしながら、波乱万丈の長旅のすえにようやくたどりついたのだろうが、単純に計算すると一年あたり一〇〇〇キロメートルの割合で太平洋を渡ってきたことになる。海に流れがあることのなによりの証拠だ。

日本の太平洋側の沖あいには、世界で最強クラスの海流である黒潮が、日本列島に沿うように南から北へ向かって流れている。そして、この黒潮は房総半島のあたりで向きを東に変え、太平洋の大海原にでていく。ハワイ島に流れ着いた東海大学のブイは、日本を離れてからどのような経路をたどったのかは不明だが、この黒潮と、それにつづく流れに乗ってきたのかもしれない。漂流ブイの発見者の息子も、やはりハワイの海岸で、「東京　１９９２」と書かれた手紙が入ったビンをみつけたことがあるという。

ハワイのあたりには、太平洋のあちらこちらから漂流物が集まるらしい。このブイの持ち主だった東海大学の研究者は、漂流物が北太平洋に均等にばらまかれたと仮定したとき、海流でどこに運ばれていくかをコンピューターで計算してみた。すると、ハワイやその近海、北緯三〇度付近に、まるで吹きだまりのように流れて集まってくる海域があることがわかった（P18・図序-1）。

身近なところで海の流れを実感したいのなら、強い風の吹いた翌朝、砂浜の海岸を散歩してみるのがいちばんだ。たくさんの漂流物が打ちあげられている。発泡スチロールなどのゴミが多いのは残念だが、そのゴミにまじって、遠い場所から流れついた珍しいものがみつかることがある。

たとえば、フィリピンやオーストラリアなどのサンゴ礁の海に生息しているオウムガイ。巻き貝のような殻をもったその姿は、カタツムリを大きくしたようにもみえるが、すでに絶滅したアンモナイトと近縁の「生きた化石」とよばれる貴重な生物だ。殻の中は小部屋に仕切られている

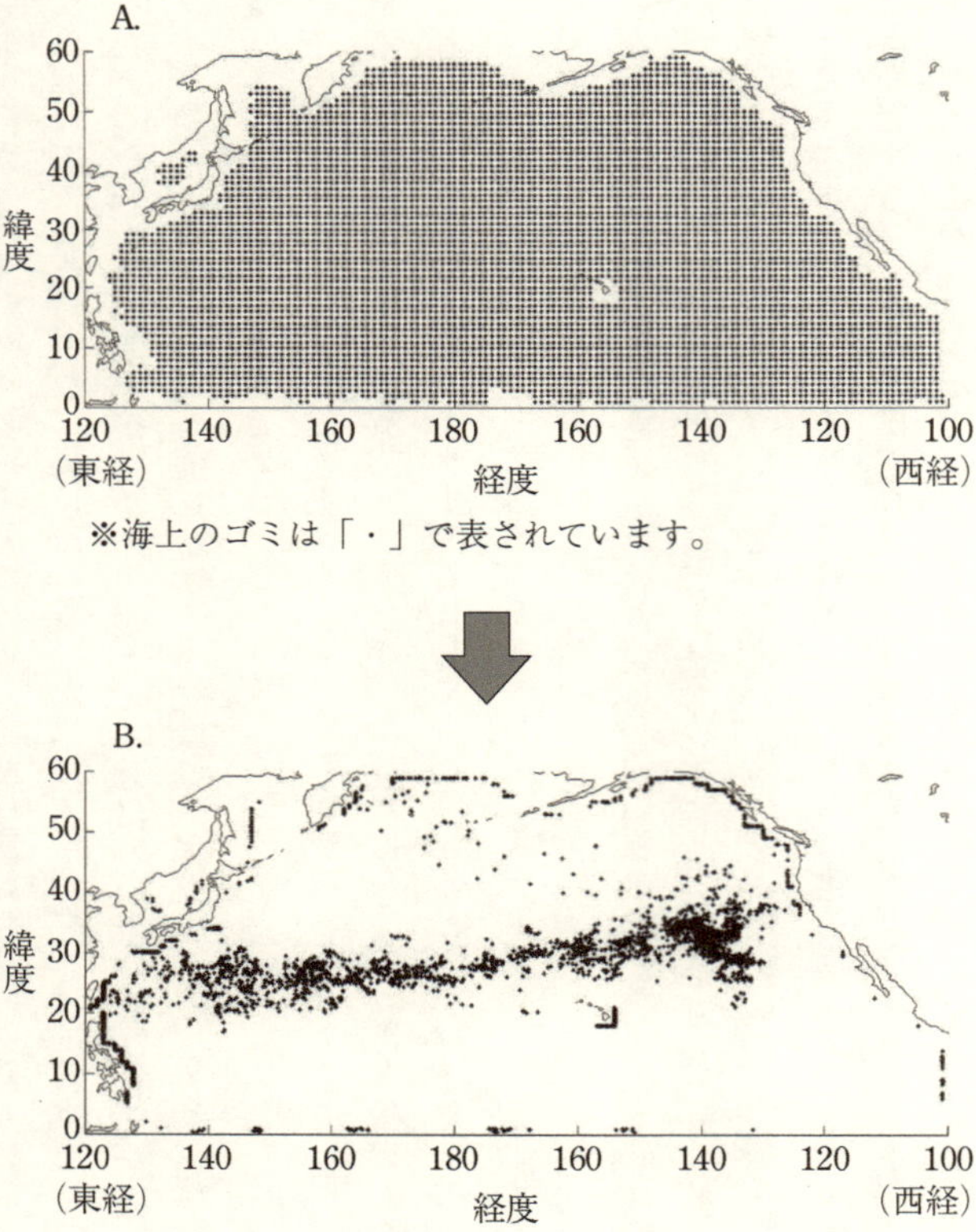

図 序-1　ゴミの行方

北太平洋に均等に浮かべられたゴミ(図A)は、3年たつと海流で流されて特定の海域に集まってくる(図B)。

(久保田雅久・東海大学教授のシミュレーションより)

ので、死んでからも、殻の中にたまった空気で海面をゆらゆらと漂いつづける。これが、ときに日本の海岸に打ちあげられる。

珍しい漂着物を探して海岸を散策することを英語で「ビーチコーミング」という。ビーチは海岸、コーミングは「くし」や「髪をとかす」ことを表す「コーム」のｉｎｇ形で、隅から隅まで探すこと。最初に紹介した東海大学の漂流ブイをみつけた人も、このビーチコーミングの愛好者だったという。

みつかるのは、このほかにも、外国語の書かれた日用雑貨やジュースの空き缶、果物の種、木製のおもちゃなど、じつにバラエティーに富んでいる。あちらこちらから、まるで海に特別な道でもあるかのように、遠いところから運ばれてくる。

民俗学の巨星である柳田国男も、このような漂着物に関心を寄せた。どこにどのような物が流れついたかを調べることで、文化史の研究に新しい光をあてられると考えていた。学生時代に、おそらく南の国から流れてきたのであろうヤシの実を愛知県・伊良湖崎の海岸で拾い、その思いをずっと心のなかで温めた。そして晩年になって、海流が運んできたであろう日本の文化について『海上の道』として論文にまとめたのだ。

海上の道――。海の水は、まさに流れる道のように世界をめぐっている。ひとところにとどまりはしない。その流れは、あるところでは弱く静かに、そしてあるところでは強く速く。だが、海全体がでたらめに動きまわっているのではなく、いつもだいたいおなじような場所を、おなじような強さで流れる。広い海のところどころに現れる比較的強い海の流れを、「海流」とよぶ。

海流は、まるで海のなかの川のようだ。幅の広いものもあれば、狭いものもある。流れの速さもまちまちだ。日本南岸の黒潮は、速い部分の流速が毎秒二メートルを超える世界最強の海流だ。幅は一〇〇キロメートルから二〇〇キロメートルぐらいにもなり、流れている水は一秒間に五〇〇〇万トンにも達する。

この黒潮の規模を、日本の川とくらべてみよう。全長が三六七キロメートルの信濃川は日本でいちばん長い川で、流れている水の量は年間を通じて平均すると毎秒五三〇トン。おなじく年間の平均流量をみていくと、「坂東太郎」のニックネームで親しまれる利根川が毎秒二八〇トン。「筑紫次郎」の筑後川は毎秒一三〇トンで、「四国三郎」の吉野川は毎秒一七〇トン。そして、流量が最大なのは北海道は石狩川の毎秒五六〇トン。

もう、このへんでわかったと思うけれど、黒潮の規模は川とは比較にならないほど大きい。黒潮が運ぶ水の量は、日本の最大級の川の一〇万倍にもなる計算だ。地球最大の川は、陸にではなく海にあるといってもよいだろう。海のなかには、このような破格の規模の川がある。実際に、この黒潮は、船のりのあいだでは「黒瀬川」ともよばれてきたという。

わたしたちの住む地球は、水の惑星といってよい。太陽系の惑星のなかにも、探査衛星などの観測から地下に氷があるかもしれないと推測されている火星のような例はあるが、これだけ豊かな水をたたえた惑星は、地球以外にない。地球の表面は、陸地よりも海のほうがずっと広い。表面積のじつに七割が海なのだ。

広いだけではない。世界の海でもっとも深いのは、日本から南へ三〇〇〇キロメートルほどくだったマリアナ海溝の一万九二〇メートル。陸上の最高峰はチョモランマの八八四八メートルだから、チョモランマを沈めても、まだ二〇〇〇メートルもおつりがくる。

平均水深にしても約三八〇〇メートルもある。かりに、世界の海の底を平らにならしてしまったら、その深さは富士山とほぼおなじになるということだ。広さといい深さといい、海にくらべると、陸なんてスケールが小さい小さいという感じだ。

そこにたたえられている水の総量は一三億七〇〇〇万立方キロメートル。その九六パーセントを、太平洋と大西洋、インド洋の三つの大きな海がしめている。残りが地中海や日本海などの小さな海だ。

そしてこの海を、さまざまな海流が流れている。さきほどの黒潮のほかに、日本近海だと親潮や対馬海流、太平洋には北太平洋海流や北赤道海流、南赤道海流。大西洋には、黒潮とならぶ強い海流である「湾流」もある。南極大陸の周囲をぐるりと時計まわりに流れる南極環流もある。

海流は、わたしたちの暮らしとも深く結びついている。たとえば黒潮の流れる位置が少しでもずれると、黒潮にのってくる魚の漁獲に大きな影響がでる。海面の水温が変われば、それが異常気象にもつながりかねない。地球の気候は、地球全体がひとつのシステムのように連動するから、日本から遠い海のできごとでも、わたしたちの暮らしと無関係ではありえない。

陸上の川とはならぶべくもない雄大な海流の話をしてきたが、じつは、地球には、この海流と肩をならべられるもうひとつの壮大な流れがある。それが、大気のなかの流れ、つまり「気流」だ。こちらも規模が大きい。

代表的なのは、中緯度の上空十数キロメートルのあたりを西から東へと地球を一周するジェット気流。これは最大で秒速一〇〇メートルぐらいにも達するから、海流も顔負けだ。その流れの幅にしても、日本をすっぽり飲みこみそうなほど広い。海流以上の巨大な流れといってもよいかもしれない。

このジェット気流を利用して、日本陸軍は太平洋戦争の末期に「風船爆弾」を米国に飛ばした。丈夫な和紙で作った大きな気球に軽い水素ガスを詰め、爆弾をぶらさげて千葉県や茨城県から上空に放ったのだ。これを東向きのジェット気流にのせて米国まで短時間で到達させようという計画だった。

かりにジェット気流のもっとも速い部分ではなく、秒速五〇メートルの部分にのったとしても二日間で八六四〇キロメートル。つまり、二日か三日ぐらいで太平洋を横断して米国に着く計算になる。約九〇〇〇個が打ちあげられて、そのうち約一割が米国西海岸などに到達したとされている。この爆弾で、実際に子どもたちが死亡したことが、戦後になって確認されたという。

これは戦争での悲しいできごとだが、いまではこのような気球が、爆弾ではなくセンサーをぶらさげて地球の科学観測に使われている。南極の夏期には、南極大陸の縁のあたりに沿って上空を反時計まわりに周回する気流がある。この気流に気球をのせれば、南極上空をぐるぐる回りながら観測をこなしてくれる。だいたい半月ぐらいでもとの地点にもどってくるそうだ。

上空での観測ということなら、人工衛星からの観測も可能だが、気球による観測は人工衛星にくらべて、格段に安あがりだ。しかも、南極の周回気流にのせた気球は、長い時間にわたって南極にとどまるので、継続した観測ができる。人工衛星だと、地球全体を周回していてたまたま極を横切ったときにしか観測できないので、その点でも、気球を気流にのせて観測に使うことのメリットは大きい。

このような気球に宇宙から飛来する猛スピードの高エネルギー粒子を観測する測器をぶらさげ、長時間にわたって連続観測する計画が、日米などの国際プロジェクトとして一九九〇年代に実施された。高エネルギー粒子は、地球の大気に突入すると姿を変えてしまうので、地上での観測は難しい。こうした観測で、地球にどんな粒子が降りそそぎ、地球の磁気とどのような反応をしているかが、しだいに解きあかされつつある。

さあ、これから、地球上を流れる巨大な流れの兄弟とでもいうべき海流と気流の話をはじめよう。海流は、陸上で川が流れるのとおなじしくみで流れているのだろうか。そもそも、なにが原動力なのだろうか。どうして弱い海流と強い海流があるのだろう。そして、海流と気流とはどんなところが似ていて、どんなところが違うのだろうか。

まずは、日本人にもっともなじみの深い海流である黒潮について、もう少し詳しくお話しするところから……。

第１章

海流と気流は兄弟

海を測る乗物・道具シリーズ　＜その２＞

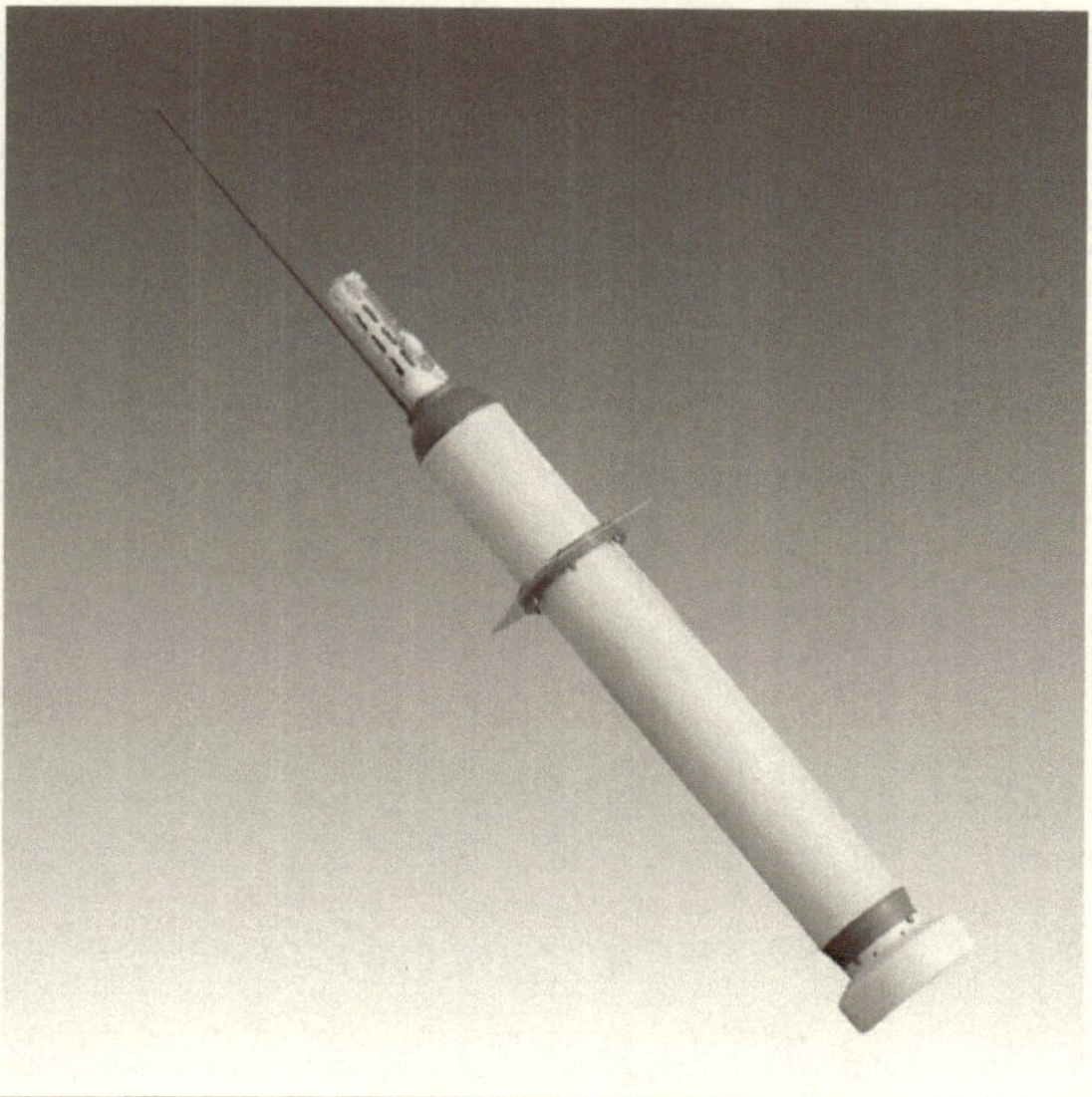

漂流型観測装置

「ＡＲＧＯ（アルゴ）」という国際協力の観測プロジェクトで使っている装置。多数が浮き沈みしながら世界の海を漂い、測定した水温や塩分濃度を人工衛星経由で研究者に送る。これまで手薄だった海洋データの充実をはかる。

1―1　海流の姿

北太平洋にある海流のループ

海流のイメージをもっと具体的に描くために、海流の代表的な例として、さきほどの黒潮にもういちど登場してもらおう。

黒潮は、日本列島の南岸に沿って、南から北に向かって流れる。赤道の少し北側を西向きにゆるやかに流れてきた北赤道海流が、フィリピンの近海でおもむろに進路を北向きに変え、日本に近づいてくる。同時に、海流の幅が狭まって流速もあがる。こうして、まさに海の表面を流れる川のようになって日本に達するのだ。

この黒潮が運んでくる日本人の大好物がある。ウナギだ。ウナギの一生には、まだまだ謎が多いが、卵からかえるのはフィリピンに近い南の海らしいことが最近の研究でわかってきた。かえって間もない稚魚が、この海域でたくさん発見されたからだ。

この稚魚たちは、まだあまり泳ぎは達者ではないが、そこを流れる西向きの海流にうまくのると、そのまま黒潮につながって日本の近海にたどりつく。そこでシラスウナギとして捕獲され、育てられる。だから、産卵場所がちょっと変わったりして西向きの海流にのりそこなうと、日本沿岸に流れつくシラスウナギの量が激減してしまうらしい。

シラスウナギを運ぶ海流は、北太平洋のなかをめぐっている。稚魚がのった西向きの北赤道海流は威力を増して黒潮と名前を変え、その黒潮は房総半島の沖あいあたりで向きを東にとって、ふたたび太平洋の大海原へとでていく。このでていった部分の名前を黒潮続流という。こうなると黒潮の勢いも弱まり、ある部分はすぐに南下して西向きの北赤道海流に合流したり、ある部分はふらふらと太平洋を横断して北米に達したのちに、南下して北赤道海流になったりする。

いいかえると、黒潮というのは、このように北太平洋をぐるりと時計まわりに一周する海流のループのうち、西の端にあるとくに流れが強い部分のことなのだ。北太平洋だけでなく南太平洋でも、そして大西洋でもインド洋でも、海の流れはそれぞれの大洋を回っている。

このような海流のループは、北太平洋には三つある（Ｐ28・図1-1）。シラスウナギの話にでてきた黒潮を含む時計まわりのループには「亜熱帯循環系」という名がついている。まさに「循環」するのである。その北側にあるのが「亜寒帯循環系」というループ。これは反時計まわりで、その西の端にあたる日本の沿岸を南下してくる強い流れの部分が「親潮」とよばれる海流だ。この亜寒帯循環系も、やはり西の端の親潮だけが強く、そのほかの部分は、さきほどの亜熱帯循環系とおなじように弱い流れになっている。

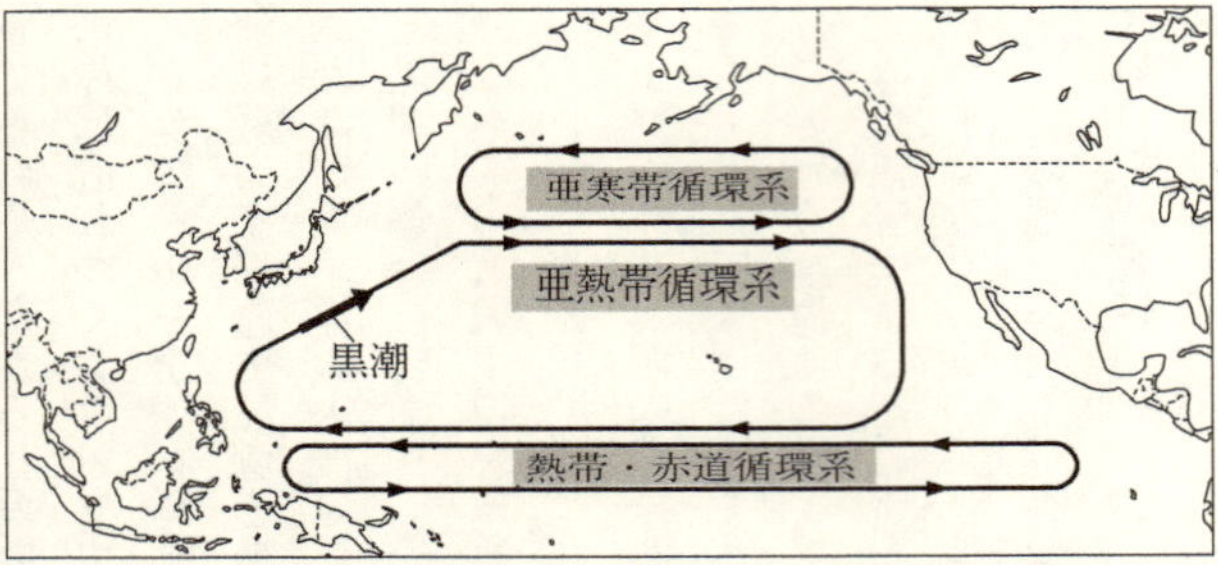

図1－1　北太平洋の循環模式図

日本の沿岸は、この北から来る親潮と南から来る黒潮の両方に洗われている。そのおかげで、日本に住むわたしたちの食卓は、北方系の魚や南方系の魚でにぎやかなわけだ。

さて、三つめのループは「熱帯・赤道循環系」とよばれるもの。これは人によって呼び方が違うこともあるが、ともあれ、黒潮を含む亜熱帯循環系の南隣にあって、反時計まわりに流れている。

おさらいすると、北太平洋にある海流のループは、北から順番に亜寒帯循環系、亜熱帯循環系、熱帯・赤道循環系の三つ。いま話題にしている黒潮は、そのまんなか、亜熱帯循環系の西の端の流れの強い部分のことだった。

黒潮は海上の大河

さて、その黒潮の幅は、一〇〇キロメートルから二〇〇キロメートル程度。もちろん海流は、川のように岸があって川幅が決まるわけではないが、まわりの海域にくらべていかにも流れが速そうだという部分をおおざっぱに測ると、だいたいこれぐらいになる。

あとでもういちど説明するが、黒潮の流れのもっとも速い部分は秒速二メートルぐらい。陸上の川の流れが、岸の近くでは遅くてまんなかで速いのとよく似ていて、黒潮の流れもまんなかあたりがもっとも速い。この速い流れも、その最速部から数十キロメートルほどわきにそれただけで、流速は毎秒数十センチメートルぐらいまで落ちてしまう。

このように、黒潮の流れの速い部分と遅い部分とは意外にはっきりと区別できるので、川のように岸がなくても、幅を決めるのは考えるほど難しいことではない。いずれにしても、黒潮の幅は陸上の川とはくらべものにならないほど広い。

黒潮の海面近くでの流れの速さは、いま説明したように、流れの中央部が速くて、わきにそれるにしたがって遅くなる。深さについてみると、海面に近いところが速くて、深くなると遅い。つまり、黒潮は、その速い部分が、表面の一筋に集中している。やはり、川のような流れなのだ。

じつは、海流のなかには、海の表面に姿をみせずに深層をめぐる海流もある。それもいずれ説明するけれど、ここで説明している、たとえば中学校や高校で使うふつうの地図帳にのっているような表層の流れは、強弱や規模の差はあれ、だいたいこの黒潮とおなじような姿をしている。

さて、黒潮は、表層の速いところでは秒速二メートルぐらい。想像してみてほしい。川面の木の葉が一秒間に二メートル流されるとしたら、これはかなり流れが速い川といってよいだろう。

こんな強い流れの川で泳ぐのは危険だ。黒潮の流れは、こんなにも速い。

水深が数百メートルになると、流速は秒速五〇センチメートルほどに落ちる。さらに七〇〇メートルから八〇〇メートルぐらいまでもぐると、秒速一〇センチメートルぐらい。それより深いところでは、ほとんど水は動いていない。だから、黒潮の深さは一〇〇〇メートル近いといってよいだろう。深さが一〇〇〇メートルの川なんて、地上にはない。地上の川とはくらべものにならないほどの、こんな巨大な流れが海にはあるのだ。

ちなみに、海流が陸上の川にくらべて、幅も深さもこんなに巨大になるのは、流れに無理やりブレーキをかける川岸のようなものがないことが、原因のひとつだ。

川の水の流れは、川底や川岸など地面に接している部分では、地面との摩擦が原因で流速はほとんどゼロになる。

これは、川にキャンプにいって体験してみれば、すぐわかる。かなり流れの速い川でも、岸では流れはほとんど止まっているから、岸の近くでなら、缶ビールやスイカを冷やしておいても流れにもっていかれてしまう心配は、あまりない。逆に、川岸で流れがほとんどないからといって、調子にのって泳ぎでると、とたんに流速があがって大あわてすることになる。海流の場合は、川岸や川底のように効果的なブレーキをかけるものがまわりにないので、最速部からずれても流速がなかなか落ちないのだ。

なぜ、海のなかに川があるのか？

ところで、よく考えてみると、海流というのはとても不思議なものだ。川が流れるのはわかる。ものが高いところから低いところに転がり落ちるように、山から海へと川は流れる。しかし、海流は高いところから低いところに流れているのだろうか。南から北に黒潮が流れている海は、南が高くて北が低いのだろうか。

もしそうだとすれば、これは妙な話だ。かりに、海面のどこかの部分が高く盛りあがっているとするならば、なぜ、四方八方にその水が流れだしてしまわずに、一方向にだけ流れる帯のような黒潮ができるのだろうか。

それに、もし盛りあがりがあるならば、その水はどこから供給されるのだろう。供給されつづけなければ、その水がなくなった時点で黒潮は消滅してしまう。川の水は、山にしみこんだ雨などがもとになっているが、黒潮の源には、つねに大量の雨が降りつづけているのだろうか。そう考えてくると、川が流れるメカニズムと海流のメカニズムとは、どこかが違いそうな気がする。

海流は、どのようなメカニズムで流れているのか。それを納得してもらうことが、この本の大きな目標だ。

じつは、海流は海の現象ではあるけれども、地球全体の気候に大きな影響をおよぼす。むしろ、地球の気候は海が決めるのだといってもよい。海流のことがよくわかれば、地球温暖化やエルニーニョ現象による世界の異常気象なども、よくわかるようになる。これを目標に、ゆっくりと、できるだけかみくだいて説明していこう。

1―2　大気の姿

もうひとつの巨大な流れ

さて、陸上の川などおよびもつかない地球スケールの大規模な流れである海流には、やはり大規模なよく似た兄弟がいる。まえの章で少し説明したのを覚えているだろうか。そう、大気中の巨大なジェット気流だ。流れているのが、一方は水でもう一方は空気という違いはあるが、いずれにしても地球上の大規模な「流れ」なのだ。

代表的なのは、北半球の中緯度上空を西から東に向かって流れているジェット気流。ちょうどジェット機が飛行する高度一〇キロメートルのあたりを流れていて、秒速一〇〇メートルにも達することがある猛烈な流れだ。ちょうど日本上空のあたりを通って、北米からヨーロッパ、中東、インドの北部と、だいたいおなじ緯度のあたりをぐるりと一周する。「ぐるりと一周する」のだから、海流とおなじく、高いところから低いところに流れる陸上の川とは違うメカニズムでできていることはあきらかだろう。

ところで、ジェット機がこの気流を利用しない手はない。もし、ジェット気流にのって飛行できれば、うんとスピードが増して、短時間で目的地に着ける。当然のことながら、燃料も節約できる。

たとえば、日本と米国とを結ぶ国際線の場合。手元の時刻表をみると、成田の東京国際空港とロサンゼルスとを結ぶジェット旅客機は、成田からロスまでの所要時間は九時間半だが、逆に、ロスから成田へは一一時間四〇分。東へ向けて飛行するときのほうが、短時間で到着する。これは、ジェット気流にのってスピードをかせいでいるからだ。

ジェット旅客機は、ふつう時速九〇〇キロメートルぐらいで飛ぶ。これは秒速二五〇メートルに相当する。音の速さは秒速三四〇メートルだから、旅客機が秒速一〇〇メートルの追い風をうけると音速に達する。

九州の福岡空港から東京の羽田空港まで飛行機にのったとき、親切な機長さんが「きょうは時速二六八キロメートルの西風にのるので、飛行機の時速は一一九〇キロメートルになります。これは音速の九七パーセントです」とアナウンスしてくれたことがある。飛行状況を表示する座席の液晶画面をみていると実際にこの速度になっていて、「いま音速で飛んでいるんだ」と妙にう

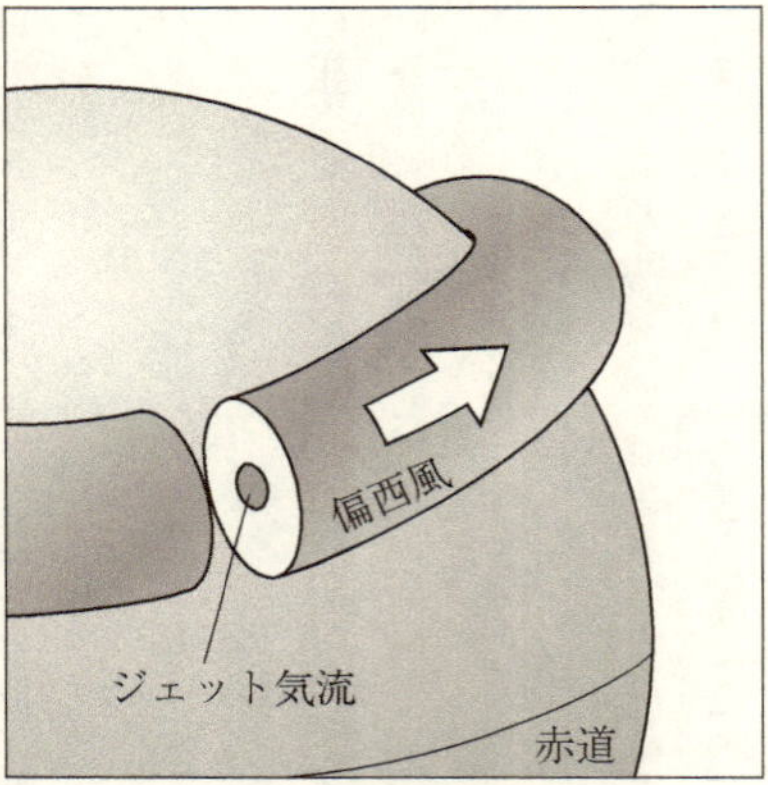

図1－2　偏西風
中緯度の上空を西から東に一周する。

きうきしたのを覚えている。

　地球上では、おおむね西風が吹いているところと、東風が吹いているところとがわかれている。北半球でも南半球でも、中緯度の上空では、西から東に向かう西風が地球をぐるりと帯状に一周している。これを「偏西風」というが、ここで説明しているジェット気流は、この偏西風のなかで、とくに速い芯の部分だといってもよい（図1－2）。

　毎年、冬のおわりから春にかけて、東京などでもよく晴れた日に、西の地平線近くが黄色っぽくかすんでみえることがある。これは、中国の砂漠などで強い風に巻きあげられた細かい砂が、偏西風にのって日本に運ばれてくる「黄砂」という現象だ。

　空が黄色くかすんでみえる程度なら、春の風物詩とばかりにのんきにしていられるが、量の多い九州などでは、自動車のフロントガラスに砂粒が粉のように積もったり、洗濯物をうっかり屋外に干しておくと汚れてしまったりする。大陸からの困ったお客さんなのだ。

偏西風があるからには、もちろん「偏東風」もある。「貿易風」といったほうがなじみがあるかもしれない。一五世紀から一七世紀にかけての大航海時代に、ヨーロッパの帆船がさかんに利用した風だ。赤道の近辺を東から西に向けて吹いている。

「川の流れのように」ではなかった

さて、海流とジェット気流は、いずれも「流れ」であるという共通の性質をもった兄弟だと説明してきたけれど、それならば、川の流れは兄弟ではないのか。じつは、残念ながら、川の流れを海流やジェット気流の兄弟とみなすわけにはいかないのだ。

なにかの性質を知りたいと思ったら、その性質をもっていないものと、どこが違うかくらべてみる、というのもひとつの手だ。赤という色を知りたいと思ったら、赤い色ばかりみていてもだめ。白や黒、黄色や緑などのさまざまな色と比較することで、赤というものがわかってくる。

というわけで、海流やジェット気流がもつ性質を知るために、それらとは兄弟にはなれない川の流れとはどんなものなのかを、まず考えておこう。

川が流れるしくみは単純だ。砂場で小さな砂山を作って、そこに溝を掘って水を流せば、小さな流れができる。これが大規模になったものが川だ。つまり、砂場の小さな流れと川の流れとは、規模が違うだけで、流れるメカニズムはおなじものだ。いいかえれば、小さな川も大きな川もありうるということになる。

ところが、海流やジェット気流は、ミニチュアではできない。これがとても重要な点だ。海流やジェット気流は、地球スケールの大規模な流れに特有の現象なのだ。それなら、どれだけ規模が大きければ海流が流れることができるのか、という疑問もわいてくるだろう。まさにすばらしい疑問だ。それは海流やジェット気流ができるメカニズムの核心に触れる問題だから。だが、それに答えるには、もう少し準備がいる。急がずに、まず外堀を埋めていこう。

海流が川と違うのは、それだけではない。地球は二四時間で自ら一回転している。これを地球の「自転」というが、結論だけさきにいうと、この自転がなければ海流もジェット気流もうまれない。一方の川の流れは、地球が自転していようがいまいが、おかまいなくうまれる流れだ。つまり、海流やジェット気流は、地球が自転しているからこそうまれる、地球スケールの大規模な流れなのだ。

このような、川の流れとはまったくしくみの違う海流やジェット気流が、どのようにして生じるのだろう。そのしくみを解明するのが、この本の目指すところなのだ。

水と空気の共通項

そこで、まず、海流とジェット気流という兄弟がもつ共通の性質を、べつの観点からさらに詳しくみてみよう。

まず、両方とも流れる物体である、という点だ。このような流れる物体をまとめて、物理学の用語では「流体」という。海流は水だし、気流は空気なのだから、両方をひとまとめにできるはずはないと考える人がいるかもしれない。人間は空気のなかでは息ができるが、水のなかではできない。だから空気と水は違う。そう考えることは正しい。人間が息ができるかできないか、ということを分類の基準にすると、空気と水は別物ということになる。

それならば、水と空気がもっている共通の性質はなんだろう。それは、「流体」とはなにか、という問いでもある。

最初に思いつくのは、自由に姿を変えるということだろう。中国の戦国時代に生きた思想家の荀子が残した「水は方円の器にしたがう」という言葉がある。これは、人というものは、まわりの交友関係や環境のよしあしに感化されて、どうにでもなるという意味だが、もともとは、四角い器であろうと円形の器であろうと水はどのような形にでもなれることからきている。もちろん、空気にもおなじ性質が備わっている。

ちょっと脱線するけれど、なぜ、水や空気は形を変えることができるのだろう。あまりにもあたりまえすぎて答えにくいだろうか。でも、このように、あたりまえのことに疑問を抱けるかどうか、というのも科学の世界ではとても大切な能力だ。

物質には三種類の姿がある。ひとつは「固体」。これは決まった形と体積をもっている。もうひとつは水などの「液体」。これには特定の形というものがない。そして、三つめが空気などの「気体」だ。気体は液体とおなじように流動する性質があるが、圧力や温度を変えることで簡単に体積が変化する点が液体とは違う。固体と液体、気体をあわせて「物質の三態」という。

三つの状態のうち、姿かたちを自由に変えられるのは液体と気体だ。では、なぜ液体と気体だけが、このような性質をもっているのだろう。

どんな物質でも、それをかぎりなく細かくわけていくと、ついにはそれ以上はわけられない究極の粒子に到達する。この粒子の実体がなんであるかは、もう少しあとで説明しよう。ここでは、この粒子の様子が固体と液体、気体でどう違うかに注目していこう。

固体と液体、気体で違っているのは、この粒子の集まり方だ。固体では、粒子どうしが、まるで強力なのりで接着されてしまったようにぎちぎちにくっついている。だから、少々の力を加えても形は変わらない。無理な力を加えると、粒子がばらばらになるのではなくて、ある大きさをもったかたまりのまま割れたり崩れたりする。

液体は違う。粒子と粒子はかなり密に詰まっているのだが、固着してはいない。だから自由に動きまわることができる。夏に打ちあげ花火を見物にいくと、たくさんの人出で身動きがとれないほどになることがある。隣の人と触れあいそうに接近しているのだが、のりでくっついているわけではないから、少しずつずれながら動ける。気づいてみると、さっきまで隣にいた人はもうべつのところにいたりする。これが液体の状態だ。

細かいビーズ球を容器に入れることを考えてみてもよい。ビーズは物質を構成する究極の粒子の代わり。容器がどんな形であっても、ビーズはその容器の形にしたがって詰まる。これが液体の状態だと思えばよい。

気体というのは、粒子どうしにもっとすきまができて、一個一個が自由に空間を飛びまわっている状態だ。これも姿を変えられることは、容易に想像がつくだろう。

液体の水も、冷やすと氷という固体になって形は変えられなくなる。熱すると、水蒸気とよばれる気体になる。液体の水も水蒸気も、もちろん自在に形を変えられる。

さて、ずいぶん長いことわき道にそれた。本筋にもどろう。液体の海流と気体のジェット気流は、どのような形にもなれるという「流体」としての共通の性質をもっているという話だった。

そして、もうひとつ大事な性質。水も空気も空間をすきまなく埋めつくしている。この「すきまなく」というのは、ちょっとイメージしにくいが、たとえば空から落ちてくる雨。雨粒と雨粒とのあいだは、すきまだらけだ。だから、たくさんの雨粒がいっせいに落ちてくる雨全体の動きを考えるときには、これらをまとめて「流体」としてあつかうわけにはいかない。

もしかりに、この雨粒がどんどん大きくなって空間を満たし、隣の雨粒どうしがくっついて滝のような流れになれば、それはまさに「流体」だ。まあ、こんなことはあるはずはないが。

水にしろ空気にしろ、すきまなく、しかも自由に形を変えられるという性質に注目して「流体」とよび、それを研究の対象にするのだ。

もちろん、海流の性質も、海全体をこの「流体」とみなしてあつかう方法で、十分に詳しく分析できる。太平洋の漂流物が海流でどこに運ばれていくかをコンピューターで計算する場合も、太平洋の西の端から東の端まで、姿は変えるがすきまのないひとかたまりの流体として一気に計算する。

ここまでで、海流や気流のどのような特徴に注目すれば、流れの秘密を解きあかすことができるか、という話をした。そろそろ準備が整ってきたので、実際に海流などが動くメカニズムに話を進めよう。

1―3　流れとはなにか？

水をかたまりにわけて考える

さて、どのようなときに流体は動くのだろう。

ここでは、まず、海流より流れのしくみが単純な川を例にとって考えよう。「あれ、川は海流や気流とは違うはず」と思い出してくれただろうか。まさにそのとおりなのだが、イメージがわきやすい川を例にとって流体の考え方の練習をしておくと、あとが楽になる。

川は、高いところから低いところに流れる。よく似た現象として、斜面上のボールを考えよう。ボールは手を離すと低いほうに向かって転がりはじめる。これは、ボールが地球の重力で下向きに引っぱられているからだ。

川の水だっておなじことだ。こう考えるとわかりやすい。川の水を縦、横、高さ、それぞれ一〇センチメートルの立方体で区切ったと考えてみよう。川を、一辺が一〇センチメートルの水のサイコロの集まりとみなすわけだ。

このとき、この一〇センチメートル角の立方体には、どんな力が働くだろうか。やはり、さきほどのボールとおなじように、下向きの重力が働く。だから、この立方体は当然、高いところから低いところに向かって移動する。この立方体の隣にあった立方体、そして上下にあった立方体もおなじように低いほうに向かって落ちていく。あらゆる水の立方体が、山から低地に向かって移動していく。これが川の水の流れだ。

この例のように、どこにも境目がないはずの水を、こっちの都合で勝手に立方体の集まりに分割して考えるのはおかしいと感じるだろうか。

たしかに、形のない水を立方体としてあつかうなんて、おかしなことだ。そもそも、どうして一〇センチメートル角なんだ。だが、この点をよく考えていくと、自然現象の謎を解明するのに、物理学がどうして強力な武器になることができたのかがわかる。

この宇宙のあらゆる物質は、「原子」とよばれるミクロの粒が集まってできている。原子一個では、ふつう、わたしたちになじみのある化学物質としての性質を示さない。たとえば酸素の原子は、二個くっついて酸素の「分子」になってはじめて、わたしたちの呼吸に役だつ酸素としての性質が現れる。だから、ある物質がその性質をもつ最小単位は分子だということになる。

さきほど、固体と液体、気体の話をしたときに、物質は究極的には粒子の集まりだという説明をしたけれど、その粒子というのは、じつはこの原子と分子のことだ。

水の分子は「エイチ・ツー・オー」。Hは水素、Oは酸素だから、水をかぎりなく細かくしていくと、水素原子が二個と酸素原子が一個くっついた水の分子にいきつく。

それならば、川の水を、一個一個の分子にまで分割して考えればすっきりするではないか。そうすれば、分子一個をボール一個と思って川の流れを考えられる。そう、それも一案かもしれない。

だが、ちょっと考えてみると、これは現実的な方法ではないことがわかる。なぜなら、水分子があまりにも小さいからだ。いいかえると、川全体に含まれる水の分子は、わたしたちにはあつかいようがないほどの膨大な数になってしまうということだ。

細かい計算方法ははぶくけれど、一立方センチメートル、つまり一辺一センチメートルのサイコロ大の水のなかに、水分子は三兆個の一〇〇億倍も含まれているのだ。水の流れを調べるために、この水分子一個一個に働く重力の大きさを考え、水分子どうしがお互いを押しあう力を計算。これを、川の水全部について足しあわせるなどということを考えると、もう気が遠くなりそうだ。最速のスーパーコンピューターの手にも負えない。

じつは、このように水分子一個一個の動きを考える代わりに、ある大きさをもった水のかたまりを考えて、流体の動きをきわめて簡単に解明する方法の基礎が、一八世紀から一九世紀にかけて築かれた。それが「流体力学」とよばれる学問分野だ。分子一個一個にまでわけてしまうと粒という固体を考えることになるが、この流体力学の手法では、そこまで細かく分割しないで、液体のまま流れにどのようなことがおきているのかを調べていくのだ。

もう少し具体的に説明しよう。水を分子という粒の集まりとして考えようとすると、粒の数があまりにも膨大でいきづまってしまう。だから、水の分子が集まった「水のかたまり」のようなものを仮想的に考える。そして、この小さな水のかたまりがぎっしりとすきまなく広がっていると考える。

さきほどの例でいうと、一〇センチメートル角の水の立方体が、この水のかたまりだ。このかたまりは、姿を変えずにつねに一緒に動くと考える。ただ、一〇センチメートル角の水が姿を変えないという仮定は、実感からいっても無理がある。形が崩れたり、ちぎれたりすることもあるだろう。

だから、そんなことが無視できるぐらい、この水のかたまりをかぎりなく小さなものだと考える。だが、水の分子がみえてくるほど小さくはないかたまりだ。このようにして、水分子という一個一個の固体の粒を考えるのではなく、液体の水から出発して、液体のまま小さくしていくという考え方を採用したわけだ。

かたまりが少しずつ変化する

さて、この小さな水のかたまりは、それぞれが、流れとして動く速さや温度などの、そのかたまりを特徴づけるあるきまった性質をもっている。その性質が、隣りあったかたまりごとに少しずつ変わっていく。

このように「隣りあったものが少しずつ変化する」という現象をあつかうのは、じつは、流体力学ができる以前の昔から、物理学の得意技だったのだ。それは物理学の方程式が「微分」の形で書かれているからだ。微分・積分の微分である。

このように、水や空気の流れという、とらえどころのないあつかいにくいものを、それまでの物理学が得意とする手法で解決できるように工夫したところが、流体力学のポイントなのだ。

微分の「微」は「微《かす》か」と読む。だから微分というのは、全体を小さくかすかなものの集まりに分割することで、見通しをよくしようという考え方なのだ。さきほどの「川の水を一〇センチメートル角の立方体に分割する」というのは、まさにこの微分の考え方そのものだ。

微分の発想は、べつに難しいものではない。たとえば自分はどういう人間かを考えるときに、「自分はまわりとどう違うか」「いまの自分は、ちょっとまえの自分とはどう違うのだろうか」という具合に、周囲や過去と比較して現状を知る、という考え方なのだ。いまの自分だけをみるのではなく、空間的に、あるいは時間的に少しずれたところにあるものと、いまの自分とを比較して、その変化の傾向をつかんでおけば、自分の置かれた状況がはっきりしてくるというわけだ。

これを使えば、海流の動きや大気の流れが計算できるようになる。

基本はニュートン

さて、もういちど、流体が動くのはどんなときかを振りかえってみよう。斜面上のボールがころがり落ちてくるのは、ボールに重力が働いているからだ。このボールを、こんどは手にもって投げれば遠くに飛んでいくが、それは手がボールに力を加えたからだ。流体にかぎらずどんな物体でも、物体が運動するのは力が働いたときだ。

もっと正確にいうと、物体に力が働くと運動の様子が変わる。止まっている物体は動きだすし、力が加わったままだと、どんどん加速する。横から力を加えると、進む向きが変わる。

このような物体の動きを物理学の法則として描いてみせたのが、一七世紀後半に英国で活躍したアイザック・ニュートンだ。

じつは、流体力学の話も、基本はニュートンなのだ。ニュートンの法則を流体向きに書きなおしたものが、流体力学の法則だといってもよい。

海流やジェット気流のような流体でも、力が加わらなければ、流体はそのまま動きつづける。力が加われば、速くなったり遅くなったり、進む向きが変わったりする。海流の速さが変わったとすれば、それはなんらかの力を加えられた証拠であり、海流の向きが変わるのも、変わるように力が加えられたからだ。

重力イコール万有引力

となると、つぎの問題は、流体を動かす力、動きを変える力には、どんな種類があるかという点だ。

まず、重力がその代表だろう。重力は、ニュートンが「万有引力」と名づけた力とおなじものだ。ここにふたつの物体があるとき、その両者には、必ず引きあう力が働く。これが万有引力だ。

まさに「すべてのものが有する引きあう力」だ。

重力イコール万有引力、といわれて、ちょっと違和感を感じた人もいるかもしれない。重力にはつねに「下」という向きがあって、ふたつの物体どうしが引きあう万有引力とは別物のような感じがするのではないだろうか。

だが、「下」とはなにかを考えてみると、この疑問も解決する。わたしたちが日常用語で使う「重力」は、その力を発生させている相手方は地球。つまり、重力は下に向かって働くのではなく、地球の方向に向かっていることになる。この地球に向かう方向を、わたしたちは「下」といっているにすぎない。こんな理由で「重力イコール万有引力」でよいのだ。

あなたが電車の座席にすわっているとき、あなたの頭と隣の人の頭とのあいだには万有引力が働いて引きあっている。だが、この万有引力はとても弱い力なので、頭どうしが引かれてくっついてしまったりすることは、現実にはない。

ただし、物体が非常に重ければ話はべつだ。この万有引力の大きさは、その物質の質量、つまり重さに比例する。あなたの頭の重さが二倍になれば、万有引力は二倍。かりに相手の頭の重さも三倍になれば、あなたの二倍と相手の三倍を掛け算して、六倍の万有引力が働くことになる。

だから、引きあう相手が地球だと、その重さのために、かなりの大きさの万有引力が働くことになる。地球の重さは、ふつうの大人の体重の一兆倍のさらに一〇〇〇億倍。事実、あなたの体は地球に引っぱられているから、宙に浮かずにしっかりと地面に足がついている。この重力のおかげで、月は飛び去ってしまわないで地球のまわりを回っていることができる。

浴槽の水に働く力

さて、海流や気流を考えるときに、よく登場するもうひとつの大切な力を考えていこう。「圧力」だ。簡単にいえば、押しつける力のことだ。

たとえば、浴槽の底に加えられている圧力を考えてみよう。浴槽に深さ一メートルの水が張ってあるとすれば、底面の一〇センチメートル四方には、その上にのっている一メートル分の水の柱の重さがかかる。この柱の体積は、まず底面積が一〇センチメートルかける一〇センチメートルで一〇〇平方センチメートル。それに水の柱の高さが一〇〇センチメートルだから、一〇〇かける一〇〇で一万立方センチメートルになる。

水の重さは一立方センチメートルあたり一グラムなので、水柱の重さは一万グラム、つまり、一〇キログラムにもなることになる。わずか一〇センチメートル四方の浴槽の底に、一〇キログラムもの重さがかかっているのだ（図1-3）。

これから海流の動きを考えていくときに、この圧力と流れとの関係がとても重要なポイントになってくるので、風呂場の浴槽の水を例にして、ちょっと応用問題を考えておこう。海流をうみだす力は圧力だけではないが、この圧力ぬきには語れないのだ。

　浴槽の水が静止しているとき、水にはどのような力が働いているだろうか。さきほど計算したように、底面付近の水には、一〇平方センチメートルあたり一〇キログラムに相当する力が働いている。ある一〇センチメートル角の部分に一〇キログラム、その隣の一〇センチメートル角もおなじ一〇キログラム、その脇の一〇センチメートル角の部分にも一〇キログラム。隣どうしが、いずれもおなじ一〇キログラム相当の力で押しあいへしあいしているのだ。これだと力がつりあって、水柱は互いに動かない。

　ところが、隣りあう水柱の高さが違えば、互いに押しあう力の大きさに差がでて、力の大きなほうから小さなほうに、水は動く。力に差がある大人と子どもが押しあえば、子どもはずるずると後退してしまうだろう。水でもおなじこと。もし、なんらかの原因で水面に高い部分と低い部分とができれば、つまり水面に凹凸ができると、水面の高い部分のほうが底面を押す圧力が高くなるので、実際に場所による力の差がうまれて水は動く。

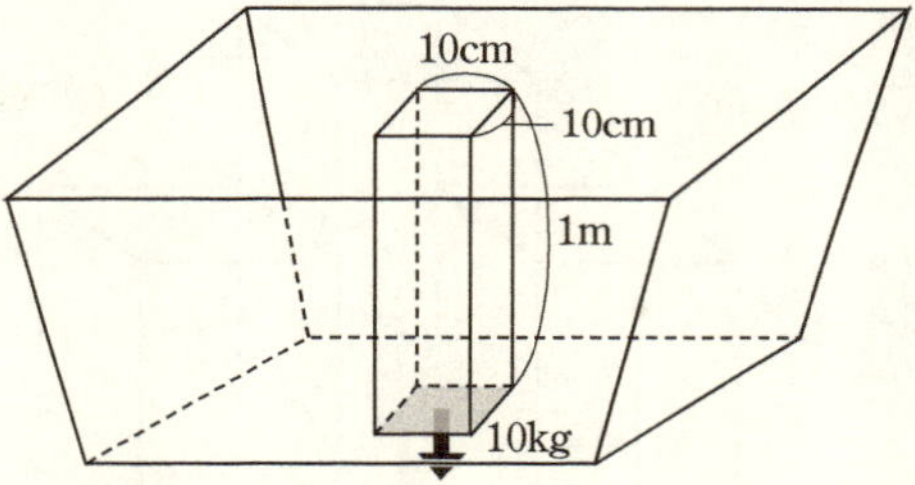

図１－３　浴槽の水

水深1mの浴槽の底には、10cm四方あたり10kgに相当する圧力がかかる。

いま、浴槽の底面の部分の話をしたけれど、浴槽のなかほどの深さの水でもおなじことだ。

たとえば、水面から一〇センチメートルの深さの部分を考えてみよう。この深さより上には、どこも一〇センチメートル分の水があるのだが、もし、ある部分の水面が三センチメートルだけ盛りあがったとすると、どうなるだろうか。この部分だけ一三センチメートル分の水になるから、ほかの部分より水圧が高い。だから、水は、この水圧の高い部分から水圧の低い周囲に向けて、押しだされるように動く（図1-4）。

そうすれば、やがてこの部分の水が減って水面の高さが周囲とおなじになり、どの部分の水圧もおなじになって水の動きは止まる。だから、静止した水面は、いつも平らなのだ。

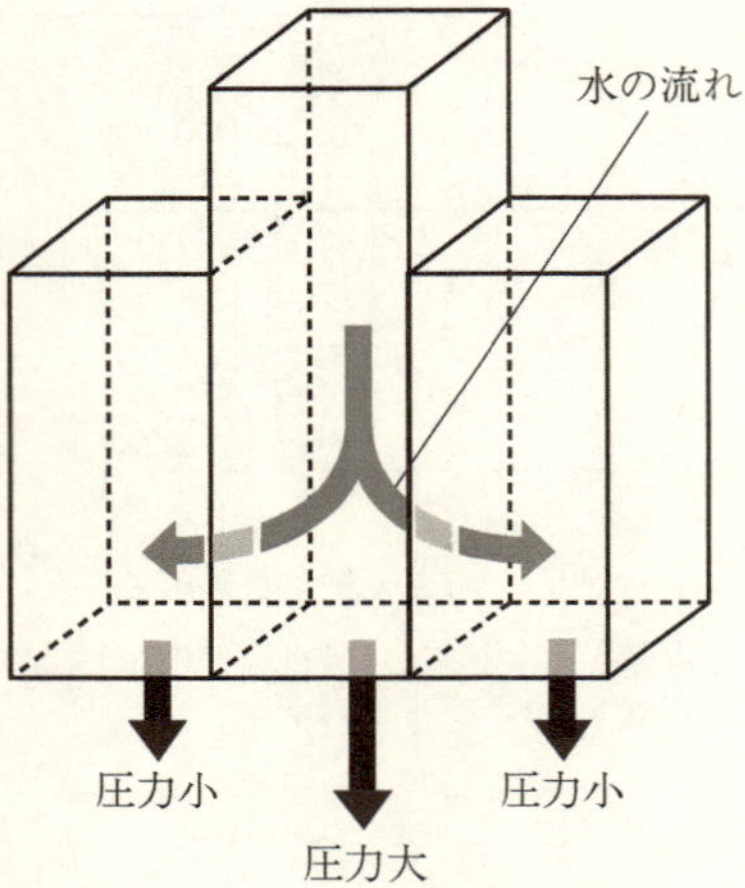

図1-4　圧力のかかり方
水面が高い部分は圧力が大きいので、周囲に向けて水は流れ出す。

入浴すると働く力

これまで、流体に働く代表的な力として重力と圧力をみてきた。もうひとつ、海流や大気の動きを考えるときに欠かせない大事な力を紹介しよう。「浮力」である。

風呂につかると、体が軽く感じる。体を浮かせるような上向きの力が働いているからだ。プールでも、力をぬくと体は浮く。これが浮力だ。だが、なぜ体に浮力が働くのだろう。

こんなことを考えてみよう。かりに、体が水だけでできた人間がいたとして、この人間にはどんな力が働くだろうか。この人間も、プカリと水に浮くのだろうか。

そんなことは、ないはずだ。この人間の体は水だけでできているのだから、周囲の水と区別はつかない。それなのに、体が浮きあがったとすれば、周囲となんの区別もつかないある特定の領域にだけ、とくに上向きの力が働いたことになる。これは、不自然な考え方で、おかしい。水だけでできた人間がいたとしたら、その体は浮きも沈みもしないで、もとの場所にとどまっているはずだ。

だとすれば、体がなんでできているか、ということと、体が浮くか沈むかということとのあいだには、なにか関係がありそうだ。

こんどは、体が空気でできているとしてみよう。風船を風呂に沈めたことを想像すればあきらかなように、体には上向きの大きな力が働いて、体はぽっこり水面に浮くはずだ。

水でできた体と、空気でできた体。なにが違うだろう。そう、この体自体の重さが違うのだ。

体に働く重力は、空中だろうと水中だろうと変わらない。重力というのは、物体が空中にあろうと水のなかにあろうと、そんなことにはおかまいなしに、まったくおなじように働く普遍的な力だ。

もういちど、体が水でできた人間を考えよう。この人間が風呂につかっても、体は浮きも沈みもしない。動かないということは、上向きにも下向きにも力をうけていないということだ。もっと正確にいうと、体は重力で下向きに引っぱられているのだが、それを打ち消す反対向きのおなじ大きさの力が加わっているということだ。この上向きの力が「浮力」だ。

いいかえれば、浮力は真上の向きに働き、その大きさは、人間が押しのけた水の重さとおなじ大きさだったことになる。

これがわかれば、水に沈めたゴム風船が浮きあがろうとする理由もわかるはずだ。水に沈めたゴム風船には、そのゴムとなかの空気を下向きに引っぱる重力が働く。一方の浮力は、この風船が押しのけた水の重さに相当して、向きは上向き。ゴムや空気よりも水のほうが重いから、この風船に働く力は上向きの浮力のほうが大きい。だから風船は手を離せば浮上する。

沈めたのが鉄製の玉だったら、どうだろう。これにも上向きに浮力は働き、その大きさは玉が押しのけた水の重量とおなじ。一方の下向きに働く重力の大きさは鉄の重量そのものだ。水よりも鉄のほうが重いから重力が勝って、差し引きで玉は下向きの力をうける。だから、鉄の玉は水に投げこむと沈む。もちろん、このとき鉄の玉は浮力のぶんだけ軽くなっている（図1-5）。

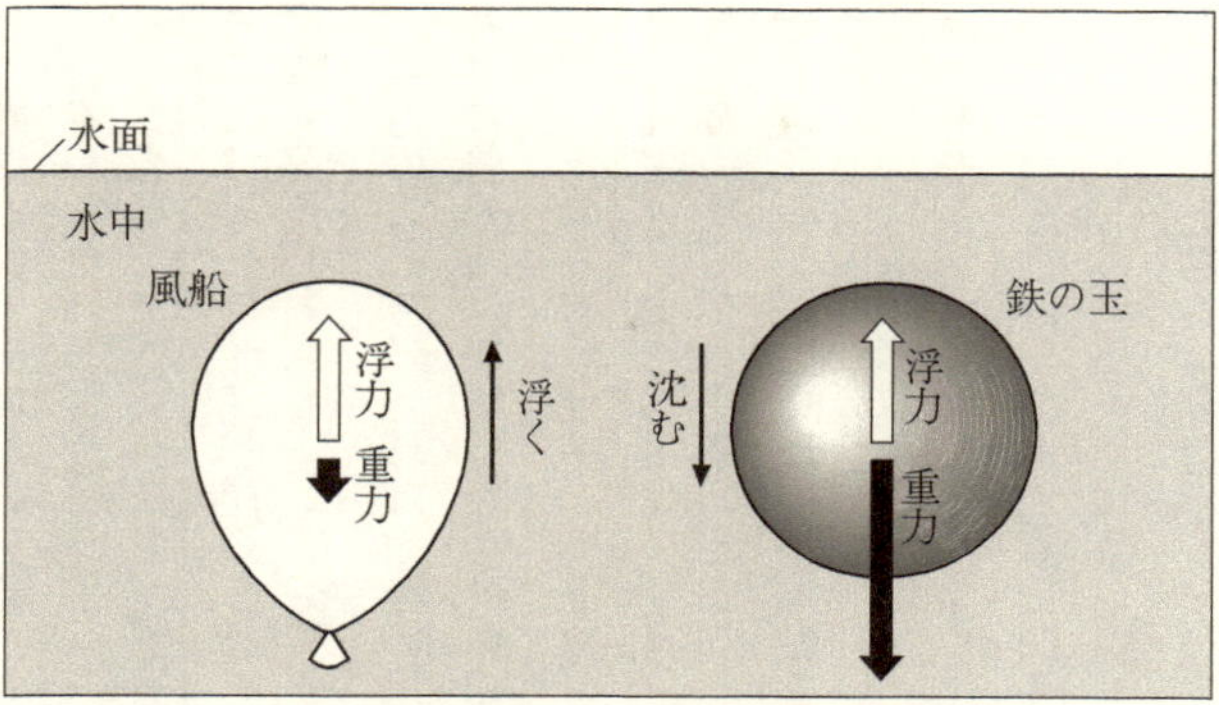

図１−５　水中における風船と鉄の玉

体積がおなじなら働く浮力は等しいので、軽くて重力の小さい風船は浮き、浮力より重力が大きくなる鉄の玉は沈む。

液体に沈められた物体に働く浮力は、その物体が押しのけた液体の重さとおなじで、向きは重力と正反対の上向き。この原理を発見したのは、古代ギリシアの数学者で技術者でもあったアルキメデスだ。だから、この原理は「アルキメデスの原理」とよばれている。真偽のほどはわからないが、湯船につかっているときにこの原理のアイデアを思いつき、裸のまま「わかった」と叫びながら街を走り回ったというエピソードつきの原理である。

いろいろと説明してきたけれど、なんのことはない、単純にいえば、「水より軽いものは浮き、重いものは沈む」ということなのだ。もし、物体が空気中にあれば、「空気よりも軽いものは上昇し、重いものは下降する」ということになる。もっと簡単にすれば、「軽いものは上に、重いものは下に」ともなる。

ているからだ。

この浮力は、海の水の動きを考えるときに、とても重要だ。浮力が、海の基本的な構造を決めている。

水は、温められると膨張して軽くなる。たとえば温度が摂氏六〇度の水は、一〇度の水にくらべて二パーセントほど軽くなっている。だから、太陽の熱で温められた海の表面の水は、それより深い部分の冷たい水にくらべると軽い。

浮力のことを考えれば、軽い水は重い水の上にのっているのが自然の姿だ。したがって、太陽の熱に温められて軽くなっている水は、さらに太陽の熱で温められて軽くなって、いっそう安定する。

もしこれが逆で、温かい水ほど重かったら大変だ。太陽で海の表面が温められると、温まったとたんに重くなって深いところへもぐっていってしまう。地球上のどの海域でも太陽に温められた水がどんどん沈降して、海のなかは激しく上下にかき回されることになるだろう。

ただ、実際の海では、冷たい風などによって表面が冷やされることがある。北大西洋の北部では、冷やされた海水が深く深く沈降し、世界中の海をめぐる深層水になる。このように、海の水の上下の運動は、浮力が直接関係していることが多い。

これでもおなじ「深層水」？

深層水がでてきたついでに、ちょっと説明しておこう。世間ではいっとき、海洋深層水ブームがおきた。深層水を使ったことを売り物にする化粧品や飲みものなどが氾濫した。ただ、この深層水という言葉の使われ方にはいろいろあるので、注意が必要だ。

この本のなかでは、これからも深層水とか深層循環といった言葉を使うことになるが、この「深層」というのは海面から数千メートルよりも深い部分のことだ。この深層の部分には、これまで説明してきた黒潮などの表層の海流とは違う、もっとゆっくりした規模の大きい深層海流が流れている。これについては、またべつの章で詳しく説明しよう。

深層海流は北大西洋の北部で表層から沈みこみ、インド洋や太平洋にまで二〇〇〇年ほどの長い旅にでる。深層水を使った商品で「数千年の悠久の流れ」などというときは、まさにこの深層海流の性質を指そうとしている。

ところが、水産学などの分野では、このおなじ深層水という言葉を、わずか数百メートルより深い部分に対しても使っている。沿岸の大陸棚よりも深いという意味だ。これは、海流のメカニズムなどを探る海洋物理学では、まったく深いとはいえない浅い深度で、「表層水」と分類することさえある。だから、水産学でいう「深層水」は、数千年の悠久の流れではない。海洋物理学の見方からすると、表面の水と比較的まじりやすい、できたての表層水なのだ。

もちろん、水産学の「深層水」に価値がないというのではない。これをくみあげて表層にまくて、魚介類がよく育つという研究例もある。深層水商品にもいろいろあるが、水産学でいうわずか水深数百メートルの「深層」からくみあげた海水を使った商品に、「悠久の時を超えた」などというイメージを加えたりするのはいけない。おなじ深層水という言葉でも、水産学での使い方と、海流そのものを研究する海洋物理学での使い方とはまったく違うので、その両方を混在させては消費者を惑わすことになる。

ワカサギ釣りは浮力のおかげ

浮力の話が、まだ途中だった。

もうひとつ、「なるほど、これも浮力のおかげか」と納得できる現象を紹介しておこう。

冬になると池や湖の表面が凍る。表面に氷が張るから、スケートもできる。穴を開けて釣り糸をたらせば、ワカサギも釣れる。だが、氷が張るのはなぜ表面なのだろう。

よく考えてみると、不思議な話だ。冬になると、大気が冷えこむので水面が冷やされる。すると、冷やされて重くなった水は沈む。それを補うために、深い部分の水があがってくる。それが冷やされる。沈む。温かい水があがる。これを繰りかえしていると、なかなか氷が張らない。かきまざりながら全体の水温がさがっていって、凍るときは池全体が一気に凍ってしまうはずだ。だが、実際にはそうはならない。なぜ表面だけが凍るのか。

その秘密は、水の重さと温度との関係にある。温かい水は軽く、冷たい水は重いと説明した。だが、厳密には、これは正しくない。じつは、もっとも重いのは摂氏四度の水なのだ。正確には、摂氏三・九八度だ。水は一〇〇度を超えると水蒸気になってしまうので、もっとも熱い水は一〇〇度の水。それより温度がさがるにつれて重くなって、摂氏四度でもっとも重くなる。それより冷えると、逆にだんだんと軽くなる。そして、零度になると凍るのだ。

だから、池の水が四度までさがってしまえば、それで水の重さは最大になる。表面がそれよりも冷やされれば、逆に軽くなるのだから、こんどはその冷たい水は表面にとどまることになる。こうなると、冷やされる、軽くなる、冷やされる、いっそう軽くなる、の繰りかえしで、零度になったときについに凍る。かくして、表面だけが氷になる。

ふつうの液体は、冷やしていくと重くなり、それが固体になるとさらに重くなる。ところが、水はそうではない。冷やしていくと四度でもっとも重くなって、さらに冷やすと逆に軽くなり、固体の氷になるともっと軽くなる。こんな液体は例外中の例外だ。水はわたしたちのまわりにたくさんあるから、もっともふつうの液体のような気がするけれど、じつは、とても特殊な液体なのだ。

いまは浮力の話をしているので、水がどうしてそのような特殊な性質をもっているのかという水の化学については、つぎの章であらためて詳しく説明することにしよう。

さあ、これで、流体を動かす力の話は、ひとまずやめにしよう。いろいろと説明してきたようだが、これまでにでてきた力は「重力」に「圧力」、そして「浮力」。浮力をうみだすのは、じつは重力なのだという話もした。海流や大気の流れを考えるときには、これらになじんでおけば、だいたい十分だ。それだけ重要な力だということでもある。

もういちど、振りかえっておこう。力の話をはじめたのは、「物体は力をうけると動きの様子が変わる」という考え方が出発点だったからだ。これが、ニュートンの運動の法則。海流や大気の流れを調べる流体力学は、このニュートンの運動の法則を流体向きに書きなおしたものだ。流体も、力が加われば運動の様子が変わる。海流がどの向きにどれくらいの速さで流れるか、といったことを考える基本になるのが、その海流に加わる「力」なのだ。だから、流体を考えるときに登場するおもな力について詳しく説明してきた。

流体力学の奥深さ

海流や気流などの流体にこのような力が働いたとき、動きの様子がどのように変わるかを具体的に計算するには、それ専用の式がある。作った人の名を冠して「ナビエ・ストークスの方程式」とよんでいる。これがまさに、ニュートンの運動方程式を流体向きに直したものだ。

流体力学のもっとも基本となるこの方程式は、一九世紀の前半に誕生した。できてから一五〇年以上たつが、いまでも立派に現役だ。海流のコンピューター・シミュレーションも、天気予報のための大気の流れのコンピューター計算も、この方程式を使っている。

流体力学は、物理学のいろいろな分野のなかでも、かなり初期にできた学問といえる。たとえば、物質を極限まで小さく分割していったときに現れるミクロの粒である「分子」や「原子」、あるいはそのなかの「電子」や「原子核」などの性質を調べる量子力学という物理学が発展したのは二〇世紀のはじめ。その量子力学とともに現代の物理学の屋台骨となっている相対性理論をアインシュタインが提唱したのも、やはり二〇世紀のはじめだ。

これらにくらべれば、流体力学の基礎方程式はかなり昔にできあがっていたわけだ。こんな事情で、「流体力学は、もう完成品で未知の部分が残っていないから研究対象にはならない」などという過激な悲観論が一部にあったこともある。

だが、決してそうではなかった。第一に、もし、流体力学が完成品で、もう研究する余地がないというのなら、その応用である天気予報が、なぜはずれるのか。将来の地球の気候がどうなっているかを予測する気候変動の研究もそうだ。なぜ、研究者によって結果が違うのか。その違いの原因はなにか。流体力学は、やってみるほどに難しさが頭をもたげてくる、という感じなのだ。

これは、ナビエ・ストークスの方程式が欠陥品だったからではない。ナビエ・ストークスの方程式を使って地球の海流や大気の流れを調べてみたら、地球におきる自然現象のもつ複雑さが、はっきりとあぶりだされてきたのだ。たとえば、天気の変化というのは、あまりにも微妙で複雑で、これでは予報がはずれることがあっても仕方がないということが、この方程式のおかげでよくわかってきたのだ。

海流の性質にしろ、気象の現象にしろ、地球の自然現象は調べれば調べるほど複雑だ。複雑で多様であることが、地球におきる自然現象の本質なのかもしれない。方程式がきちんとたてられればそれで万事解決、というわけにいかないところが、地球を相手にした研究の楽しくもあり、つらくもあるところだ。

さて、これまでは、海と大気は似たもの兄弟という点に注目して話を進めてきた。とてもよく似ているので、どちらもおなじ流体とみなして、それぞれにおきる現象を解明していくことができる。気候変動の研究をするときは、海洋学者と気象学者とが手を取りあわなければならないが、それがあまり難しくないのも、海と大気とをおなじ流体としてあつかっている同業者だからだ。

だが、どんなによく似た兄弟でも、やはり、違う部分がある。この違いを無視して似たところにだけ注目したのでは、正しく理解したことにはならない。これまでは共通点に注目して説明してきた。そこで、こんどは、海と大気との違いについての話をしよう。まずは、海の上に空がある、というあたりまえの話から……。

第2章

海と大気の違い

海を測る乗物・道具シリーズ　＜その3＞

係留ブイ

海面の一定位置にとどめておく海洋観測用のブイ。海底のおもりから延ばしたワイヤーにつないである。海上の気温や湿度、風のほか、ワイヤーの要所要所にくくりつけた観測器で海中の水温や塩分濃度を測定しつづける。

2―1　違い・その1　密度

まじりあわない海と大気

大気は海の上にある。大気も海も、「決まった形がない」「すきまなくつながっている」という共通の性質をもつ流体どうしなのだから、まじりあってしまったってよさそうなものだが、そんなことはおきない。たしかに、海があって、その上に大気がある。

海と大気とが、まるで水と油のようにまじりあわずにはっきりと分離していることは、たとえば将来の気候を予測する気候変動研究を進めるうえで、じつはとても都合がよい。おなじ流体としての兄弟であっても、海は海、大気は大気として別々に変化を予測して、それを組みあわせることができるからだ。

大気の変化は海よりも速い。ふだんの天気を考えてもわかるように、三日もすれば天候はかなり変化してしまう。ところが、海の様子は三日ぐらいではほとんど変わらない。黒潮の流れの道筋も、数か月ぐらいたてば変わってくることもあるが、数日程度では変化はないと思ってよい。

だから、コンピューターで大気の変化を予測するときは、海にくらべて、うんと短い先を計算する作業を積み重ねなければ、現実にあわなくなってしまう。ところが、海は、この程度の時間では変化しないので、こんな小刻みに計算するのはむだだ。このような理由で、大気は小刻みに、海はそれより大刻みに別々に計算して、大気と海とがお互いに与えあう影響はときどき組みこむようにするのだ。

そもそも、「あすの天気」のような近い将来の天候をコンピューターで計算するときは、そのあいだに海の様子が変化することは想定しない。海は動かず、水温も変化しないと仮定して天気を予測するのだ。

こんなことができるのも、海は海、大気は大気で別々に動き、お互いにまじりあって一体になったりすることがないからだ。

もし、まじりあってしまうなら、このように別々に計算することは難しい。海の動きまで大気のようにこまめに計算しなければならないとすると、計算量が膨大になって、現代の高速コンピューターといえどもなかなか計算がおわらない。「あすの天気がわかるのは、あさってになってから」というのでは、天気予報の意味をなさない。

海と大気とが、こんなにまできっぱりとわかれるのは、「密度」が大きく違うからだ。

「密度」を理解する

密度とは、ある一定の体積の物体の質量のことをいう。

たとえば、一立方センチメートルの水の質量は一グラムだ。密度という言葉を使っていいかえると、「水の密度は一立方センチメートルあたり一グラム」ということになる。海水は、塩が溶けているぶん重くなって、その密度は一立方センチメートルあたり一・〇一グラムから一・〇五グラムぐらい。ちなみに、固体の鉄の密度は一立方センチメートルあたり七・九グラムだ。

温度	密度
4℃	0.99997g/㎤
40℃	0.99222g/㎤
99℃	0.95906g/㎤

表2−1　温度と水の密度

本当は、水の密度は温度によって変わる（表2−1）。まえの章で浮力の話をしたときにも、そう説明した。だから「水の密度は一立方センチメートルあたり一グラム」というのは、いささか乱暴な話にも思えるだろう。実際に、もっとも重い四度の水の密度は一立方センチメートルあたり〇・九九九九七グラム。風呂の温度の四〇度で〇・九九二二二グラム。沸騰寸前の九九度だと〇・九五九〇六グラムになって、四度の水より四パーセントほど密度は小さくなっている。

この例からもわかるように、じつは、水の密度の値は厳密には「一」ではない。だが、ここであまり細かなことに分け入ると、密度の初歩の説明が進まなくなってしまう。

というわけで、水の密度は温度で変わるということを承知のうえで、ここでは「水の密度は一立方センチメートルあたり一グラム」ということにしてさきに進もう。

密度を決める塩加減

さて、水の密度が一立方センチメートルあたり一グラムならば、一方の大気の密度は、おなじく一立方センチメートルあたり約〇・〇〇一三グラム。水のわずか一〇〇〇分の一しかない。だから大気と海とははっきりとわかれ、強い風でその境目が乱されても、海と大気がまじりあった混合物などができずに、やはり乱れたなりに海面として存在できるのだ。

たとえば、空のペットボトルに水を半分ほど入れてよく振ってみる。すると、振っているあいだは、空気の泡が水中にまじりこんでいるが、振るのをやめると、ほとんど瞬間的に水と空気に分離してしまう。空気が水より格段に軽いからだ。

もし、密度の違いが小さい物質どうしだと、こうはいかない。まじりあわないことのたとえによく使われる、水と油を考えてみよう。これまでにも説明したように、水の密度は一立方センチメートルあたり一グラム。そして、たとえば菜種油の密度は〇・九グラムぐらい。油のほうが水より軽いけれど、その差はわずかだ。

サラダにかけるドレッシングのなかには、油が分離して上半分に浮いているものがある。たしかに軽い油分が浮いているのだが、よく振ると、難なくまじって均一の液体になる。あわててサラダにかけなくても、ちょっとのあいだはまじったままだ。

もし、密度の差が大きい液体どうしでできたドレッシングだったら、どうなるだろう。きっと、おおあわてでサラダにかけなければ、すぐに、もとのように完全に分離してしまうに違いない。

ここで、まえに「浮力」の話をしたときのことを、ちょっと思い出してみてほしい。水は四度で密度が最大になるから、池や湖の水が表面で冷やされると四度以下の水は逆に軽くなって表層にとどまり、やがて零度になって氷になる。つまり、四度を境に密度の逆転現象がおきる。だから、池や湖の全体が凍るのではなく、表面にだけ氷が張る、という話だった。

だが、この話をそのまま海に適用すると、おかしなことになる。四度の水がもっとも密度が大きいなら、海の底の水は四度になっているのだろうか。海の底層には、四度より低い水はないのだろうか。

ところが、それがあるのだ。観測によると、摂氏四度以下の水は珍しくもなんともない。海域により違いはあるが、たとえば西部北太平洋の水温は、表面では二〇度以上あるが水深とともに水温はさがり、一〇〇〇メートルぐらいの深さではすでに四度になってしまう。それより深くなると水温はもっと低くなり、五〇〇〇メートルのあたりでは一度ぐらいになっている。水の量からすると、四度以上の水より四度以下のほうがずっと多い。

もし、水の密度が四度で最大になるのなら、それより軽いはずの三度、二度、一度といった海水が、どうしてそれよりも下にあるのだろう。四度より水温の低い水が、軽くてわきあがってしまうことはないのだろうか。

その答えのかぎは、海水の塩分だ。海の水には、水一キログラムあたり三三グラムから三五グラムぐらいの塩が溶けている。パーセントで表すと、三・四パーセント前後の塩分濃度だ。コップ一杯の海水を煮つめると、六グラムほどの塩がとれるということだ。

これは驚くほどの量だ。潮干狩りでとってきたアサリに砂を吐かせるため、海水とおなじ濃度の食塩水を作ろうとするとき、よほどたくさんの塩を用意しておかないと、足りなくなってあわてる。ふだんはあまり意識しない海水の濃さを、こんなときに実感する。

まえに説明した「四度で密度が最大になる」というのは、じつは真水のことだったのだ。水は、塩分が濃くなると、密度が最大になる水温がだんだんさがってくる性質をもっている。

塩分がゼロなら、水の密度は四度で最大。塩分濃度が一パーセントになると、二度ぐらいの水温で密度が最大になる。つまり、二度の水がもっとも重い。二パーセントになると、すでに密度最大の温度は零度を下回る。これは、零度以上の海水なら、温度が低いほど重くなり、真水のようなある温度を境にした密度の逆転現象はおこらないということだ。

ちなみに、塩分濃度があがると、水が氷になる温度も零度以下にさがるので、「マイナス一度の水」などというのもおかしくない。

実際の海水の濃度は三パーセント以上。しかも、海底近くの海水温は低くても一度ぐらいだから、その温度を出発点に海底から海面に向けて徐々に温度があがっていくという構造は、重い水の上に軽い水がのっかっていることになるわけで、安定な状態なのだ。

ちょっとわき道にそれるが、ここでもう少し水の話をしておこう。なんといっても、水なくしては海は語れないのだから。

じつは不思議な物質＝水

地球上の水の九七パーセントは海にある。これはもう圧倒的な量だ。それについで氷河や雪のかたちで約二パーセント。そのほかが地下水や、大気中に含まれる水蒸気や雲などだ。

「水蒸気」というのは、水が蒸発して気体になったもののこと。これは目でみえない。湯をわかしているやかんの口から立ちのぼっている白いものは、「湯気」という。湯気は水蒸気ではない。空気中に含まれている目にみえない水蒸気が冷えて、細かな液体の粒になったのが湯気だ。この目にみえない水蒸気が、じつは海と大気とのあいだでの熱エネルギーの受け渡しに、とても重要な役割を演じている。この話は、いずれもっとさきですることにしよう。

水は、あまりにも身近すぎて、特別な性質をもっている珍しい物質だということをわたしたちは忘れがちだ。

水は冷たくなると氷になり、熱せられると蒸発して水蒸気になる。冬になれば池に氷が張っているのをみることができるし、わたしたちが呼吸している空気のなかにも水蒸気は含まれている。

このあたりまえのように思える事実が、じつは非常に特殊なことなのだ。わたしたちがふつうに生活している身のまわりの温度の範囲で、この固体、液体、気体の三種類がいずれもみられる物質というのは、まずない。

たとえば、わたしたちの身のまわりでは、鉄は固体でこそ珍しくはないが、これを加熱して液体にするには一五三六度まで温度をあげなければならない。気体になる温度は二八六三度だ。自然界でこの三つの状態を探しても、そう簡単にはみつからない。

水の不思議な性質は、もっとある。氷が水に浮くという現象だ。

物質はふつう、液体から固体になると密度が大きくなる。つまり重くなる。だから、液体のなかにおなじ物質でできた固体を放りこむと沈んでしまう。固体は液体よりも重いというのが常識なのだ。

ところが、水は例外で、固体になると膨張して軽くなる。だから氷は水に浮く。もし、氷が液体の水より重かったら、寒い地方の池や湖の表面に張った氷は次々に沈んでいき、やがては全体が氷になってしまう。そんなところで、魚などは生きていけない。

極域の海でもおなじこと。氷山がどんどん沈んでいってしまったら、その下の海は、生命にとってとても生きにくい場所になるだろう。地球に生きる生命の多くは、氷が浮くという単純で特殊な現象に守られているともいえる。

液体の水を冷やしていくと、摂氏四度で密度が最大になり、さらに冷やすと軽くなる。そして、氷になるともっと密度が小さくなって水に浮く。この特殊な性質は、水の分子が酸素原子一個と水素原子二個でできた「エイチ・ツー・オー」であることと関係が深い。

水の温度がさがってくると、まるで、寒いときに電線にとまったスズメが身を寄せあうように、水の分子は隣どうし密にくっつくようになる。すかすかのものよりも、ぎゅっとつまったもののほうが重いから、水も密度があがって重くなる。

ところが、低温になってくると、水の分子の風変わりな性質が現れはじめる。ただくっつきあうのとはべつに、隣どうしが妙な仕方で結びつこうとするのだ。もちろん覚える必要なんてないけれど、この結びつき方のことを、化学の言葉では「水素結合」という。この水素結合をするときに主役になるのが、水分子のなかの水素原子だ。

水素結合による結びつきは、隣あった水の分子どうしがあまり近づかずに一定の距離をたもとうとする。だから、低温になって水の分子どうしがくっつこうとしても、水素結合がそれをはばんでしまうため、四度以下では密度はあがらず、水は重くなれない。低温で水の分子どうしがくっつこうとする性質と、くっつくのをはばもうとする水素結合の性質とのせめぎあいの境目が、四度なのだ。

そして零度になると、水は完全に水素結合で結びついて氷になる。水素結合のために、氷は水よりもすかすかで軽いから、水に浮く。

それでは、大気の密度は?

水の密度についての話はこれくらいにして、ここで、海の相方になる大気の密度の話をしておこう。

水は圧力をかけてもあまり体積が変わらない。つまり、圧力によってあまり伸び縮みしない。だから、水の密度は圧力を加えてもあまり大きくは変化せず、海流の動きを考えるときも、圧力による密度の違いは、あまり考える必要がない。

ところが、大気の場合は事情がまったく違う。自転車のタイヤに空気入れで空気をぎゅうぎゅう押しこむと、タイヤはふくれて硬くなる。タイヤに穴が開いたりすると、シューッと空気が抜けてくることからもあきらかなように、タイヤの内側の圧力は外よりも高い。圧力をかけることで、かなり大量の空気がタイヤの内側につまっているわけだ。当然、タイヤの内側の空気の密度は、ぎゅうぎゅうづめになっているぶん外気よりも大きい。

では、どうして、液体は圧力をかけても密度があまり変わらないのに、気体だと大きく変わるのだろうか。そのヒントは、すでに説明してある。

まえの章で固体と液体、気体の話をしたときに、液体というのは、原子や分子などの粒子が密につまってはいるが自由に動ける状態で、気体は、空間を原子や分子が飛びまわっている状態だと説明した。これと密度の変化とに深い関係がある。

液体は、すでに粒子が密に隣あっているので、ちょっとやそっとの圧力を加えても、それ以上は密になりようがない。ところが、気体の場合は、粒子が飛びまわっている空間に余裕があるので、圧力を加えれば粒子どうしはまだまだ接近できる。だから、気体は縮みやすいのだ。

当然ながら、気体の体積と密度とのあいだにも、深い関係がある。たとえば、ある体積の空間を一〇個の粒子が飛びまわっていたとする。それに圧力をかけて体積を半分に縮めると、密度はどうなるだろう。一〇個という粒子の個数は変わらずに、その体積が半分になるのだから、密度は倍になる。気体に圧力をかければ体積が縮み、密度があがる。つまり、気体が濃くなるわけだ。

高い山に登ると空気が薄くなる。これは、高地では大気の圧力、つまり気圧が低く、空気の密度がさがっているからだ。

それならば、大気の圧力は、高い山だとどうして低いのだろうか。

空気は、質量があるから地球の重力に引かれて地球の表面付近にとどまっている。この空気の重さが、大気の圧力の源だ。高度の低いところにある大気ほど、その上にたくさんの空気をのせていることになるから、圧力は高くなる。逆に高度が高くなれば、その上の空気の量が減って気圧はさがる。

この事情は、重ねた座布団を想像するとよくわかる。一〇枚の座布団を重ねたとき、いちばん大きな圧力がかかっているのは、もっとも下にある座布団だ。この座布団の上面には、それより上にある九枚分の力がかかっている。その上の座布団の上面にかかっている力は八枚分だから、少し圧力はさがっている。

こうして、上へいけばいくほど、座布団にかかる圧力はさがる。高度があがるほど大気の圧力がさがるのも、これとまったくおなじ原理だ。

まえの章で浴槽の底の水にかかる圧力を計算してみたことを覚えているだろうか。水深が一メートルとすると、底の部分の一〇センチメートル四方にかかる圧力は、一〇キログラムに相当する重さ。これは、その一〇センチメートル四方の部分の上にのっている水の重さだった。もし、水深の中間部分、たとえば水深五〇センチメートルの部分だったら、水による圧力は、それより上にのっている水の重さだから、その半分の五キログラムになる。大気の場合もおなじことだ。

大気中の気温や圧力は、季節によって、あるいはそのときの気象状況によっても変わってしまうが、それを平均した標準的な状態を考えると、地上の大気圧は一〇一三ヘクトパスカル。一立方メートルあたりの密度は一・二キログラムだ。それが高度一〇キロメートルになると、大気圧は四分の一になり、密度も一立方メートルあたり〇・四一キログラムに低下する。

「パスカル」というのは気象学などでよく使われる圧力の単位で、「ヘクト」は一〇〇倍を表す接頭語だ。天気予報では気圧を表すのにいつもヘクトパスカルを使っているので、聞いたことがあるはずだ。台風の中心部では、気圧は九六〇ヘクトパスカルとか九五〇ヘクトパスカルぐらいに低くなっている。ときには九〇〇ヘクトパスカルぐらいにさがる強い台風もある。

地上に住んでいるわれわれは、みんなこの一〇〇〇ヘクトパスカル前後の圧力の空気に押さえつけられながら暮らしている。一〇〇〇ヘクトパスカルというのは、どれくらいの圧力か想像できるだろうか。

細かい計算ははぶくが、結論だけいうと、一平方メートルあたり一〇トン分もの圧力がかかっている。一センチメートル四方あたりだと一キログラムの重さに相当する。われわれの体は、四方八方からこんなに大きな力で押されているのだ。

この一平方センチメートルあたり一キログラムという大気圧は、水圧に直すと、水深一〇メートル分の水圧とおなじだ。わたしたちは、まさに大気の底にすむ魚のようなものなのだ。

こんな大きな圧力も、上空にいくにしたがって急激に小さくなる。五キロメートルの上空ではほぼ半減して五四〇ヘクトパスカル。ジェット機が飛ぶ一〇キロメートルでは二六五ヘクトパスカルになる。地上の一〇一三ヘクトパスカルを一気圧ともいうが、この言い方を使うと、ジェット機は〇・二六気圧の大気のなかを飛んでいることになる。地上の気圧のわずか四分の一なのだ。

こんなに気圧が低くては、人間は生きてはいけない。だからジェット旅客機の客室内では、気圧を〇・七気圧か〇・八気圧ぐらいにまで高めている。

機内にもちこんだスナック菓子は……

ことのついでだが、封を切っていない袋詰のスナック菓子を飛行機にもちこむと、上空ではパンパンにふくれてしまうのをご存知だろうか。これは、客室の気圧は上空の外気よりも高められているとはいえ、地上の一気圧ほどには高くしていないせいだ。

スナック菓子の袋には、地上の一気圧でちょうどよいふくれ具合になる量の気体が入っているのだが、飛行中の客室は気圧がそれより低いので袋を外から押しつぶそうとする空気の圧力が弱く、袋の内側の圧力が勝ってふくれるのだ。

高い山に急に登ると、息切れがしたりめまいがしたりするのも、気圧がさがって空気が薄くなっているのが原因だ。

標高四〇〇〇メートルの山の上は苦しかった。日本の国立天文台が大きな望遠鏡「すばる」を建設したハワイのマウナケア山頂に登ったことがある。じっとしていればべつにどうということもないのだが、駆け足をしたり階段をのぼったりすると、とたんに息が切れた。しゃがんでいて急に立つと、立ちくらみに襲われた。

当時は三十代のはじめ。テニスなどもやっていて、体力的にはまあまあのはずだったのだが。海岸近くの空港から、中腹で食事のための休憩をとっただけで、クルマで一気に頂上まで登ったのがまずかったのかもしれない。

密度の話をしていたのだった。真水の密度は四度で最大。つまり四度の水がもっとも重い。海水は塩が含まれているため、もっと水温がさがっても軽くならずに重くなり、その結果、一度ぐらいの低温の海水が海底に近い深部に横たわっているのだった。そして、空気は圧力によって体積が変化しやすいので、気圧の変化とともに密度も大きく変わる。

話題をつぎに進めよう。

もうひとつ、水や空気がもっている性質のうちで、地球環境を考えていくときに忘れてはいけない、とても大切なものがある。それは、熱についての性質だ。

2-2　違い・その2　比熱

甲府の気候が厳しいのは……

海と大気とを、熱というキーワードで切ってみると、どのような違いが現れるのだろうか。それを、これから説明していこう。これがわかれば、地球の気候にとって、海がいかに重要な役まわりを演じているかが納得できるはずだ。

よく、南国の土佐や千葉の太平洋岸の気候は、沖あいを流れる温かい黒潮の影響で温暖だといわう。また、海に近い場所の気候は海岸気候とよばれ、寒暖の差が小さい。内陸に入っていくと、夏は暑くて冬は寒い大陸性の気候に変わっていく。

実際、黒潮に近い千葉県の銚子の一月の平均気温は六・三度。このとき、内陸にある山梨県の甲府では、緯度がほとんどおなじなのに二・五度まで冷えこんでいる。夏はどうかというと、銚子の八月の平均気温は二四・九度で甲府は二六・二度。こんどは逆に甲府のほうが気温が高くなっている。たしかに、海に近い銚子は寒暖の差が小さい。

どうして、海に近いところは、温和な気候になるのだろうか。

それは、海が「温まりにくく冷めにくい」という性質をもっているからだ。陸にくらべても温まりにくく冷めにくいし、もちろん大気にくらべてもそうだ。海は、いったん温まるとなかなか冷えず、いちど冷たくなってしまうと、なかなか温まらない。

だから、冬になったからといって、冷たい風に冷やされて黒潮全体の水温が一気に低下してしまうこともないし、逆に、暑くなっても、海水温は気温ほどには上昇しない。

この性質でおきる自然現象を、身近なところから拾ってみよう。

「海陸風」という言葉を聞いたことがあるだろうか。海岸近くでは、昼間は海から陸のほうに「海風」が、夜になると逆に陸から海に向かって「陸風」が吹く。このふたつをまとめて海陸風という。どうして、こんな妙な風が吹くのだろう。

昼間は、太陽が海にも陸にも照りつける。おなじように照りつけるのだが、海と陸とでは温まり方が違う。真夏に海水浴にいくと、砂浜が素足では歩けないぐらい熱くなっていることがある。だが、海の水が、入っていけないほど熱くなっていることはない。おなじ熱をうけても、陸のほうが海の水よりも格段に温まりやすいのだ。

だから、昼間は陸のほうが海よりも熱くなっていて、陸の上の空気は海の上の空気よりも余計に温められる。空気は温度があがると膨張して軽くなるので、海の上の空気よりも温度が高くなった陸上の空気は、強い浮力をうけて上昇する。すると、陸で上昇してしまった空気を補うように、海上から陸に向けて空気が流れこむ。この陸向きの風が海風だ。海風が吹くのは、地表からおよそ二〇〇メートルから一〇〇〇メートルぐらいの高さまでのことが多いらしい。

夜になると話は逆で、海はなかなか冷えないのに陸はどんどん冷える。すると、やがて陸よりも海のほうが温かいことになって、その上の空気が上昇する。その不足分を補うために、陸から空気が流れこんで陸風になる（図2-1）。陸風は昼間の海風よりも弱いのがふつうで、陸風が吹く地上からの高さも、海風より低くて一〇〇メートル前後までのようだ。

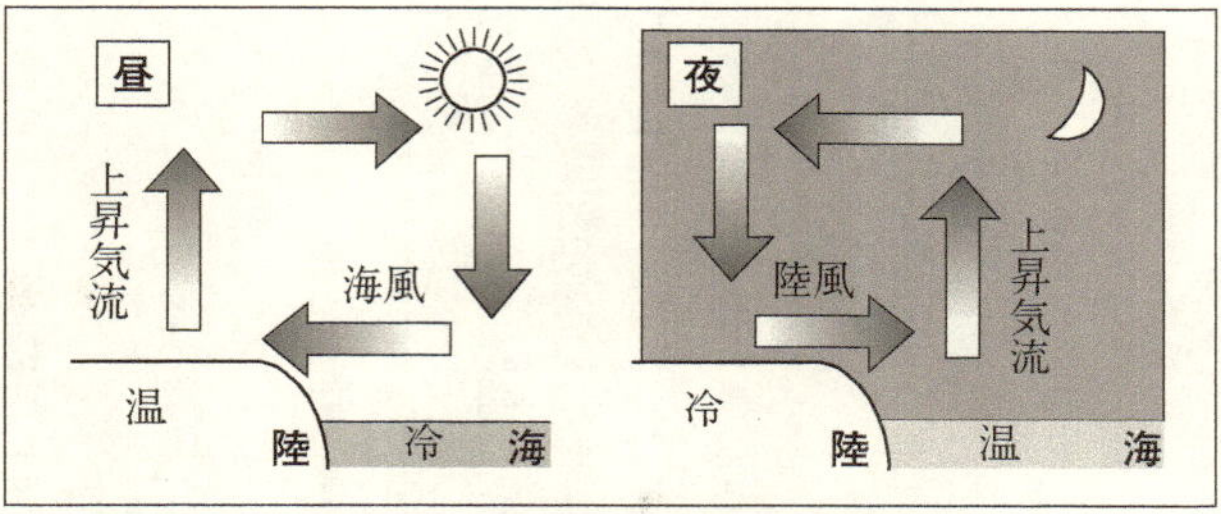

図2－1　海風と陸風の仕組み
海は陸よりも温まりにくく冷めにくい性質が、海陸風を吹かせる。

つまり、海風と陸風は、海と陸との温まりやすさ、冷えやすさの違いが原因となって発生する現象だ。

海風が陸地に進入する距離は、海岸線から数十キロメートルのところまで。それより内陸側には、海風の影響はほとんど来ない。海風や陸風は狭い地域に限定された局地的な現象なのだ。ところが、これとおなじものが、地球規模でも大々的におきている。それが「モンスーン」だ。

モンスーンというのは、季節によって向きが変わる大規模な大気の流れのことだ。季節風ともよばれている。代表的なのは、インドなどの南アジア地域。夏には、インド洋から大陸内部に向かう南西からの風が吹き、この湿った空気がインドの北東部などにたくさんの雨を降らす。冬になると、こんどは大陸から海に向かう風が優勢になり、大陸内部は乾燥する。

実際に、海面水温が夏と冬とでどれくらい変化するかを調べてみると、海域によって多少の例外はあるが、せいぜい五度前後といった感じ。ところが、北米大陸やロシアの内陸部では、夏と冬の気温差は四〇度、五〇度にも達する。

モンスーンは、このような地球規模での海と陸との温まり方、冷え方の違いでおきる。陸地と海との温まり方の違いという単純な現象が、小は海岸の風向きから、大は地球規模のモンスーンにまで影響しているわけだ。

ここで、海と陸地の温まりやすさの話から、空気の温まりやすさの話に進もう。じつは、これまでの話には目だつ形ではでてこなかったけれど、とても温まりやすくて冷えやすいという空気の性質は、もう説明のなかで使っている。「海より陸が温まれば、その上の空気も温まって……」という説明自体が、もう、空気の温まりやすさを前提にしているようなものだ。もし、空気がとても温まりにくかったら、陸と海との温度差にこんなに敏感に反応して、海陸風やモンスーンなどの大気現象を引きおこしてくれるはずがない。

海は熱の貯蔵庫

このような、温まりやすさ、冷えやすさを示す科学の言葉が「比熱」だ。気象や海洋の本によくでてくるので、さきほどの「密度」とおなじように、ここで説明しておこう。

比熱というのは、ある一定量の物質の温度を、ある温度だけ上昇させるのに必要な熱量のことだ。「ある一定量」「ある温度」といっても、それがどれぐらいかを具体的に決めなければ測りようがないから、ふつうは「一グラムの物質の温度を一度あげるための熱量」と決めておく。

水の比熱は一カロリー。空気はその四分の一ぐらいだ。おなじ熱量で、水の四倍の重さの空気の温度をあげることができる。おなじ重さならば、水の温度を一〇度あげる熱で、空気ならば四〇度もあげられるということだ。

温度がさがるときは、この逆だ。水は空気の四倍の熱を放出する。海水の温度が一〇度さがって、その熱がおなじ重さの大気に伝わったとすると、大気の温度は四〇度もあがるのだ。その意味で、海は大気よりもずっとたくさんの熱を蓄えることができるということになる。まさに、地球にとって海は熱の貯蔵庫なのだ。

地球の気候は海が決めるというのも、この点を指している。海が温まってしまえば、それと接する大気の温度は比較的簡単にあがってしまう。海の熱が大気に伝わったわけだが、海は大気に熱を渡しても、比熱が大きいのでなかなか水温がさがらない。まだまだ大気に伝えるべき熱をもっているのだ。大気の温度は海しだい、ともいえる。

海が天候にとって大切なのは、寒暖に直接かかわるという理由だけではない。大気の流れを大きく変えるからだ。

水温の高い海域では、その上にある大気は温められて軽くなり、上昇する。大気が上昇すると雲ができる。ちょうど、もくもくと背の高くなった入道雲のあたりで激しい雨が降るように、そこは降雨域になる。

台風ができるときにも、海は重要だ。台風のたまごである熱帯低気圧は、その多くが北太平洋の赤道近くでうまれる。この熱帯低気圧の発生場所は海面水温が高い海域で、およそ二六度から二七度以上にもなっている。ここで大気は海からたくさんの熱エネルギーを受け取り、台風をうみだす。そして海は、台風に膨大なエネルギーを与えても、それで蓄えた熱がなくなってしまうなどということはない。

水と空気に潜む熱

さて、熱の話をしたついでに、もうひとつ、熱の大事な性質について説明しておこう。「潜熱」の話だ。これは、海と大気とのあいだの熱エネルギーのやりとりを考えるうえで、とても大切なものだ。たとえば、台風が、なぜあんなにも強大になれるのかという疑問には、潜熱を知らなければ答えられない。

まず、水を冷やして氷を作ることを考えてみよう。

水から熱をどんどん奪うと、水の温度はさがっていく。

さて、零度になった。どんなことがおきるだろう。水はしだいに氷に変わっていく。このとき、水の温度は零度のままだ。いったん氷ができあがってしまえば、それをさらに冷やしていくと、氷の温度はもっとさがる。

だが、氷ができている最中は、いくら冷やしても温度は零度をたもつのだ。注意しなくてはいけないのは、温度が零度で変化しないからといって、冷蔵庫は働いていないのではない。水と氷のまざったものからどんどん熱を奪っているのに、温度だけが零度から変わらないのだ。熱を奪っているのに、温度がさがらない。ということは、奪っているのとおなじ量の熱が、どこからかでてきていることになる。

では、その熱はどこから来るのだろうか。もう、おわかりだろう。そう、水からでてきているのだ。まるで、液体の水に「潜んで」いた熱が、状態が氷に変化するときになって、はじめて現れてきたかのようだ。

このように、物質の状態が変化するときに出入りする熱を「潜熱」という。ふだんは目だたないように潜伏していて、状態変化のときにかぎり活躍する、そんな熱だ。

この潜熱には、いろいろな種類がある（P84・図2-2）。液体が固体になることを「凝固」というが、そのときに液体が放出する熱を「凝固熱」という。さきほどの水が冷えて氷になる例では、水が零度を維持しながら凝固熱を放出していたのだ。

水の凝固熱は、一グラムあたり約八〇カロリー。水の比熱は一カロリーだから、凝固熱はその八〇倍にもなる。一グラムの水の温度が一度さがったときに放出する熱量は一カロリーだが、お

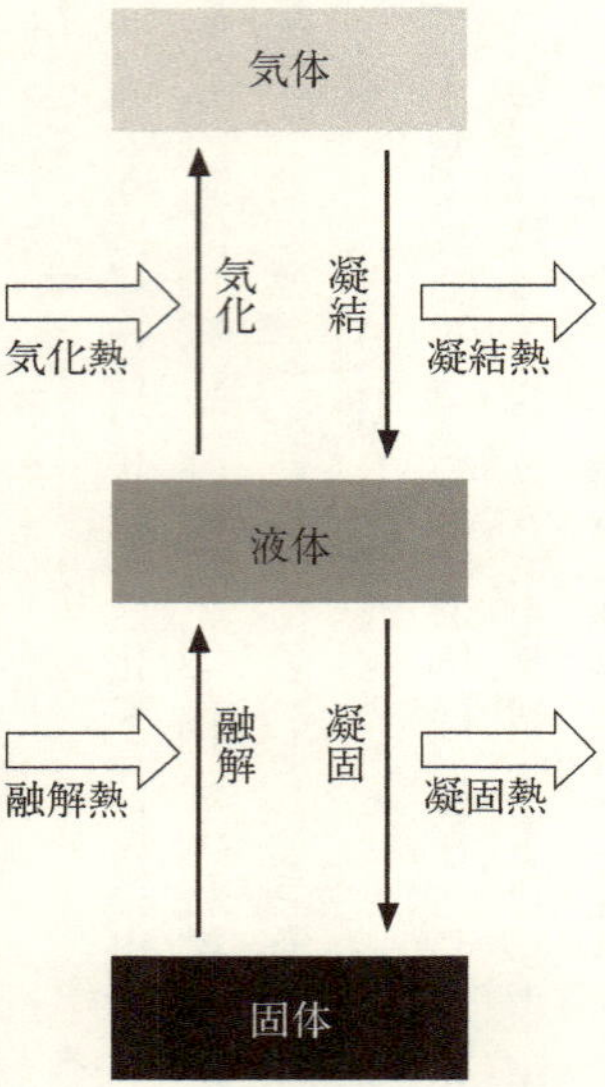

図2-2　物質の状態が変わるときに出入りする「潜熱」

なじ量の水が氷になるときには、その八〇倍もの熱を放出するわけだ。まさに、驚くべき量の熱が水のなかには「潜んで」いたことになる。

　液体が固体になることが「凝固」なら、その反対に、固体が解けて液体になるのは「融解」という。氷を温めれば解けて水になることからわかるように、融解のときは、凝固と逆で、熱を加えて温めなければならない。氷が熱を吸収して水に変わるといってもよい。この融解のときに吸収する熱を「融解熱」という。凝固のときに放出する凝固熱と、融解のときに吸収する融解熱はおなじ量だ。

　水の凝固熱は一グラムあたり約八〇カロリーだから、氷の融解熱も、やはり一グラムあたり約八〇カロリーということになる。

　おなじように、液体が気体になる「気化」のときに吸収する熱が「気化熱」。「蒸発熱」ともいう。気体が冷やされて液体にもどる「凝結」のときに放出される熱が「凝結熱」だ。気化熱と凝結熱も、やはり大きさはおなじだ。

水の気化熱はきわめて大きく、一グラムあたり約六〇〇カロリー。一グラムの零度の水を一〇〇度の熱湯にするのに必要な熱量は一〇〇カロリーだが、それを蒸発させるには、さらにその六倍の熱量が必要になるのだ。いいかえると、水蒸気は、これほど多量の熱を潜在的に含んでいることになる。

このように、固体や液体、気体という物質の状態が変化するときに出入りする潜熱は、状態が変わらないまま温度変化させるときに必要な熱量にくらべて、格段に大きい。しかも、水は、わたしたちの身のまわりにある自然界で、氷、液体の水、水蒸気と姿を変える。そして、そのたびに、このような多量の熱を吸ったり吐いたりする。

海では海氷ができたり解けたりするし、海面では水が蒸発して、海のもっている熱エネルギーが潜熱として大気中に運ばれる。海や大気が関係する自然現象は、この潜熱ぬきには考えられない。

台風はなぜ発生するか？

さて、具体的な例として、さきほどちょっと触れた台風と潜熱との関係を説明しておこう。台風の成長には、この潜熱が重要な役割を演ずるのだ。

台風のもとになる熱帯低気圧は、海面水温が高い赤道近くの海域でうまれる。このとき、海の表面から大気の側に多量の水蒸気が供給される。

たったいま説明したように、水が蒸発して水蒸気になるときは、きわめて多量の熱を気化熱として吸収する。そして水蒸気は、水蒸気という状態をたもっているかぎり、ずっとこの熱エネルギーをもちつづける。べつに温度の高い水蒸気でなくても、水蒸気という状態でありさえすれば、それだけで猛烈な熱エネルギーを含んでいるということだ。この水蒸気が、海から台風のたまごのなかに、ふんだんに供給されたのだ。

この水蒸気が上昇すると、冷やされて液体の小さな粒にもどる。これが雲粒だ。このとき、水蒸気が蓄えていた膨大な潜熱が周囲に放出される。すると、まわりの空気は温められて軽くなり、ますます強く上昇する。

水蒸気が上昇して雲粒になって潜熱を放出し、その熱が原因となって、ますます空気は上昇する。こうして、きわめて強い上昇気流がうまれる。潜熱なしには、これほど多量の熱エネルギーを大気中にもちこむことはできない。これが、強大な台風が誕生するメカニズムなのだ。

さて、これまで「密度」と「比熱」の話をしてきた。この点に注目すると、似たものどうしの海と大気にも違いがみられることがわかった。

ここで、もうひとつ、流体の性質のうちで、海と大気とで大きく違うものを紹介しておこう。

2-3　違い・その3　粘性

こすって引きずる力

こんな実験を考えてみよう。洗面器に水を入れ、水の動きがよくわかるように、そこに小さなおもちゃの舟でも浮かべておく。この洗面器を床に置いてゆっくり回転させると、舟はどうなるだろうか。

最初のうちは、洗面器を回しても、その動きに水はついていかずに、ほとんど静止しているはずだ。水面の舟も動かない。行儀は悪いけれど、食卓の味噌汁のおわんを回してもおなじことが観察できる。おわんとともに、なかがすぐに動きはじめるわけではない。

ところが、洗面器を回しつづけると、しだいに水が洗面器とともに回りはじめ、その回転スピードも洗面器に近づいていく。洗面器の動きが、なかの水に伝わったのだ。水は、どのようなメカニズムで動きはじめたのだろう。

じつは、水の内部にも摩擦力に似た力が働く。摩擦力というのは、ふたつの物体どうしがこすれるとき、お互いの運動を妨げるように働く力のことだ。

走っているクルマが急ブレーキをかけると、タイヤの回転が止まり、キーッと不快な音をたてて路面を滑ることがある。このとき、タイヤと路面とのあいだには摩擦力が働いている。この摩擦力のおかげでタイヤの前進は妨げられて、クルマは停止するのだ。

坂道にあなたが立っていられるのも、路面と足の底とのあいだに摩擦力が働いているから。もし摩擦力がなかったら、つるつると滑りおりていってしまうはずだ。雪の上ではこの摩擦力が小さいので、スキーを楽しむことができる。

流体の内部で働くこの摩擦力に似た力のことを「粘性力」という。「粘性」というのは、そのものずばり粘り気の度あいのこと。水あめのようにねばねばとした流体は粘性が高く、水や空気は粘性が低い流体だ。この粘性が原因でうまれる力が粘性力だ。

さきほどの洗面器の例でいうと、洗面器の底や壁面に接している水は、洗面器の回転とともに動きはじめる。この例にかぎらず、容器の壁面と水との動きは一体化しているのがふつうだ。ただ、最初に動く水は、底面や壁面からごく近い部分だけだ。少し離れた部分は動いていない。これは、水の粘性が小さいからだ。もし、水ではなく、もっとどろどろした液体を入れていたら、かなり内側まで瞬時に動きはじめるだろう。

しかし、小さいといえども水には粘性がある。洗面器に接した部分の水が動くと、水がもつ粘性のために、ちょっと内側の水が摩擦力のような引きずられる力をうけて動きだし、それがさらに内側の水を動かす。この繰りかえしで、やがては中心部の水まで洗面器とおなじ速さで動くようになる。

この粘性というのは、流体のある部分が動いたとき、どれぐらい効果的にその隣の部分を引きずるかを表している。粘性が高ければ、ある部分の動きはすぐに周囲に伝わるし、低ければまわりはなかなか動きださない。

空気と水とでは、粘性が大きく違う。空気に取りまかれたふだんの生活よりも、プールのなかのほうが動きにくいことからも、空気より水のほうが粘っこそうだと想像がつく。実際に測定してみると、水の粘性は空気の一〇〇倍ぐらいある。水のほうが空気より格段に粘っこい流体なのだ。

『ミクロの決死圏』は可能か？

この粘性と関係が深い「レイノルズ数」という数値がある。流体の不思議な性質を特徴づけるとても面白い数値なので、ここでちょっと紹介しよう。

このレイノルズというのは人の名前。オズボーン・レイノルズといい、一九世紀の後半に英国で活躍した流体力学の研究者だ。

さて、わたしたちは、もちろん空気のなかで生活している。空気が粘っこすぎて歩きまわるのに不自由だということもない。だが、もしあなたの体の大きさが、たとえば一万分の一に小さくなっても、空気の粘性はあなたの動きを邪魔しないだろうか。

昔、『ミクロの決死圏』という映画があった。病気を治療するため、医療チームのメンバーが体を小さくして体内に入り、血管などを通って患部まで移動する傑作ＳＦだ。だが、体を縮めることがかりにできたとして、血液のなかを縦横無尽に移動することは、流体力学的にみて可能なのだろうか。

これに答えをだしてくれるのが、レイノルズ数なのだ。

こんな状況を考えてみよう。いまここに、粘性をもつ流体が流れている。「粘性をもつ流体」といったって、なにか特別なものを考えるわけではない。粘性がゼロ、つまりまったく粘っこさのない流体というのはまずないから、空気でも水でも血液でも、すきなものをイメージすればよい。

さて、流れている流体には勢いがついているから、そのまま流れつづけようとする。これは、ボールのようなふつうの物体とおなじ性質。ボールを床にころがすと、外から力を加えないかぎり、そのままころがりつづけるが、それと同様に、流れている流体は、そのまま流れつづけようとする。

一方で、流体には粘性があるのだから、その粘り気で流体の流れにはブレーキがかかる。たとえば、流れている川のなかにコンクリートの柱を立てると、柱のすぐそばの水にはブレーキがかかり、そのブレーキの力は周囲の水に伝わる。流体が粘っこければ粘っこいほど、そのブレーキのかかり方は大きい。

レイノルズ数というのは、このふたつの性質に関係している。流体がそのまま流れつづけようとする性質と、粘性のために運動にブレーキがかかる性質とのどちらが大きいかを示すのがレイノルズ数だ。

レイノルズ数は、流れつづけようとする性質が強いほど、数値が大きくなるように定義されている。だから、レイノルズ数が大きい流体は、たとえ流れのなかに柱のような障害物があっても、あまり粘性によるブレーキの影響をうけずに楽々と流れる。つまり、流れつづけようとする性質が勝つ。レイノルズ数の値が小さければ、粘性の影響が大きく働いて流れにくくなる。このときは、粘性が流れつづけようとする性質に勝っているのだ。

いまの説明では、障害物が固定されていて、そこを流体が流れると考えたが、反対に考えても事情は変わらない。流体のほうが静止していて、そのなかをなにか物体が動いていくと考えてもおなじことだ。レイノルズ数が大きければ、物体は動きやすいわけだし、小さいと粘性の影響をうけて動きにくい。

こう考えてくると、最初の問題に対する答えが、だんだんとみえてくる。『ミクロの決死圏』

で医療チームのメンバーが血液のなかを動くときも、その動きやすさはレイノルズ数と関係が深いのだ。もちろん、ここでは、流体は「血液」で、障害物は「医療チーム」ということになる。

レイノルズ数が、どんなときに大きくなり、どんなときに小さくなるかを、もう少し詳しくみていこう。いつもこんがらかってしまうのだが、レイノルズ数が「大きい」のは「粘り気の少ないさらさらな流体」で、「小さい」のは「粘っこくてどろどろの流体」に相当する。

まず、レイノルズ数が大きくなるのは、つまり流体の粘っこさの影響が小さくなるのは、流れが速く、障害物のサイズも大きいときだ。流れのほうを逆に静止させて考えれば、そのなかを動く物体が速いほど、そして大きいほどレイノルズ数が大きくなる。流体の粘り気が気にならなくなるということだ。

ということは、おなじ流体のなかにあっても、流れのなかを動く物体のサイズが大きければ粘性の影響をうけにくく、サイズが小さければ、粘性の影響をもろにうけて動きにくくなるわけだ。流体が本来もっている粘性は変わらないのに、そのなかを動く物体のサイズの大小によって、粘性の「影響」は変わってくるということになる。

物体のサイズが小さいほど、周囲にある流体の粘性の影響をうけやすくなることは、身のまわりの現象からも直感的に想像できる。

あなたが、こぶし大の木のかたまりを手でもっているとしよう。手を離すとどうなるだろうか。

当然、ストンと地面に落ちる。多少の風が吹いていても、あまり様子は変わらないだろう。

では、この木のかたまりを、細かいおがくずにしてから手を離したらどうなるだろう。ストンとは落ちずに、ゆっくりと舞い落ちるだろうし、もし少しでも風が吹いていれば、その風に流されて散ってしまうだろう。

木のかたまりとおがくず。その違いは、サイズだ。まわりにある空気や、その流れである風はおなじなのに、そのなかを落ちていくもののサイズが変わっただけで、様子が変わる。空気や風という流体からうける影響が、そのなかを落ちていく物体のほうのサイズの差で違ってきたのだ。

木のかたまりがおがくずになってサイズが小さくなったら、材質は変わらないのに空気の粘性の影響を強くうけ、なかなか落ちていかなくなった。まるで、流体のほうの粘性が変わって粘っこくなったかのようだ。

そして、もうひとつレイノルズ数を大きくする要素が、流体の流れる速さだ。流体のほうが止まっていれば、そのなかを物体が動く速さと考えてもよい。物体の動くスピードが速ければ、流体の粘り気よりも物体の勢い、物理の言葉でいえば慣性のほうが勝って、相対的に粘性の影響が小さくなる。

さらにもうひとつ、レイノルズ数に影響するのが、ほかでもない、流体の粘性そのものだ。

ここまでの説明をもういちど繰りかえすと、流体のなかの物体の動きが速いほど、そして物体が大きいほどレイノルズ数が大きくなって、その物体は流体の粘り気の影響をうけずに動きやすくなる。逆に、物体が小さくなるとレイノルズ数は小さくなり、粘性の影響をもろにうけるようになって、動きにくくなる。

ようするに、おなじ性質をもった流体のなかでも、物体のサイズが大きいか小さいか、動きが速いか遅いかによって、粘性の影響が変わってくるということだった。

大きく速い物体は粘っこさの影響をうけにくい。小さく遅ければ影響を大きくうける。流体が本来もっている粘性そのものは変わらないのに、物体の大きさや速さによって、うける粘性の影響が変わるという不思議な性質を説明してきたことになる。

したがって、『ミクロの決死圏』で体が小さくなった治療チームのメンバーたちにとって、血管を流れる血液は粘っこくて粘っこくてたまらないはずなのだ。血液そのものは変わっていないのに、自分たちが小さくなったために、血液がうんと粘っこくなってしまったのと同様の現象がおきてしまったのだ。

だから、体が大きかったときに考えていたほどには、すいすいとは動きまわれない。まるで水あめのなかにいるように、自由な動きを完全に奪われてしまうかもしれない。「こんなはずではなかった」と後悔しても、もう遅い。

この粘性の影響からのがれたいならば、メンバーたちはレイノルズ数を大きくするように工夫しなければいけない。体を大きくするわけにはいかない。そして血液の粘性を変えるわけにもいかないから、残された道は移動のスピードをあげること。しかし、それには乗り物を動かすのにたくさんのエネルギーが必要だろうから、小さな彼らにとっては、これもまた大変だろう。

具体的には、身長が一万分の一になったら、移動スピードを一万倍にあげなければ、レイノルズ数はおなじにならない。こうもいえる。身長が一万分の一になるということは、身長がそのままで粘性が一万倍になるのとおなじこと。その見かけのうえで一万倍になった粘性に打ち勝つためには、スピードを一万倍にあげなければならないのだ。身長を一万分の一にしてスピードを一万倍にあげる、などというのは、もう不可能といってもよいのではないか。

こんなわけで、残念ながら、『ミクロの決死圏』は、あくまでもSFの世界だということになる。いや、映画をみるのに、こんな理屈をこねてはいけないのかもしれない。しらけてしまう。ミクロのサイズになって体内にもぐりこむという発想の奇抜さを、すなおに楽しむことにしよう。

流体力学を地球にあてはめる

さて、海流が流れるメカニズムをお話しするための準備として知っておいてほしいことの説明は、だいたいおわった。ずいぶん、いろいろなことがでてきたので、このへんで整理しておこう。

この章では、第1章とは逆に海と大気の違いに注目して、さらに詳しく流体の性質をみてきた。

重さに関係する密度の話。海と大気とのあいだの熱の交換にとって大切な、比熱や潜熱の話もした。最後には、ちょっと欲張ってレイノルズ数の話。このレイノルズ数は、途中ではあえていわなかったけれど、じつは大学の専門課程で初めて学ぶような、かなり高度な内容だったのだ。

流体力学の教科書のように、漏れなく順序だてて説明してきたわけではないが、大切なことがらの大部分は説明した。海流が流れるメカニズムを知るための流体力学の基礎は、だいたい登場したことになる。

さて、これから本格的に海流の話に入っていく。流体力学の基礎編から一歩進んだ応用編だ。ただ、応用編といっても、難しくなるという意味ではない。これまでの説明は、海流や大気の流れだけでなく、川の流れやプールの水など、流体ならあらゆるものにあてはまる話だった。だが、まえの章で説明したこんな話を覚えているだろうか。川の流れのメカニズムは、砂場に作った小山に溝を掘って水を流すのとおなじ。ところが、海流はこんなミニチュアではできない。

海流は、地球スケールの大きな規模でなければできない。学校の二五メートルプールでは、海流とおなじメカニズムの流れを作ることはできないのだ。

では、この「地球スケール」というのは、具体的にはなにを指すのだろう。

答えをさきに披露しておこう。この地球スケールというのは、たんに大きいというだけではない。地球が自転していることと、形が球であることとの影響をもろにうけるということなのだ。球形の地球が自転しているからこそ、黒潮のような典型的な海流がうみだされる。川のような小さなスケールの流れだと、これらの影響はうけない。

つぎの章では、まず、自転しているものの上の流れには、どんな不思議な現象がおきるのかというところから話をはじめよう。

コラム COLUMN

レイノルズの相似則

物体が流体のなかを動くときに、その動きやすさの目安を表すのがレイノルズ数。逆にいうと、レイノルズ数が等しければ、物体の大きさや流体の種類がなんであれ、流れと物体との関係はおなじものになる。これが「レイノルズの相似則」だ。

たとえば、サイズの大きな物体が粘り気の強めな流体のなかを動くのと、小さな物体が粘り気の少ない流体のなかを動くのとは、現象としてはおなじだ。

この性質を利用すると、建物や飛行機のように大きなもののまわりにできる空気の流れなどを調べたいとき、実物大の模型を作らなくても小さな模型で代用できる。模型にあてる流れの速さを調節したり、空気中でなく水中で実験することで、レイノルズ数を実物に合わせればよいのだ。

日本の国立天文台がハワイのマウナケア山頂に大型望遠鏡「すばる」を建設したとき、あらかじめ建物のミニチュアを水に沈めて実験した。建物のなかで空気がよどむと、機械の熱がたまって観測に悪い影響を与える。模型の実験で、そのよどみが最小限になるように設計を工夫することができたのだ。

第3章

海流と気流のシステム

海を測る乗物・道具シリーズ　＜その４＞

氷海観測用小型漂流ブイ

氷におおわれる北極の海で気象と海洋のデータを収集する装置。気温や気圧のほか、海の水温と塩分濃度、海流を測定する。海洋科学技術センターのホームページで、このブイが測定している現在のデータを確認できる。

3-1 世界の海流の特徴

海流を俯瞰《ふかん》する

さあ、これから、海流はどういうメカニズムで流れるのかという、この本の本題に入っていこう。海流は、地球という回転する球の上を流れている。地球が回転していなかったり、あるいは球形でなければ、現在の大洋を流れる海流のパターンはでてこない。それがなぜかを、これから説明していこうというわけだ。

まえの章までに説明した流体の性質は、もちろん海流についてもあてはまる。だが、海流の説明には、それに加えて、地球の上を流れる大規模な流れだけがもつ特別な事情を考えに入れる必要がある。

というわけで、これから説明していくのは、回転する物体の上にのっている流れに特有な不思議な性質の物語なのだ。

説明に入るまえに、実際の海では海流はどのように流れているかを、おおざっぱにみておこう。自然現象は複雑だから、最初からあまり細かく調べると、さまざまな例外に出合ってしまって、

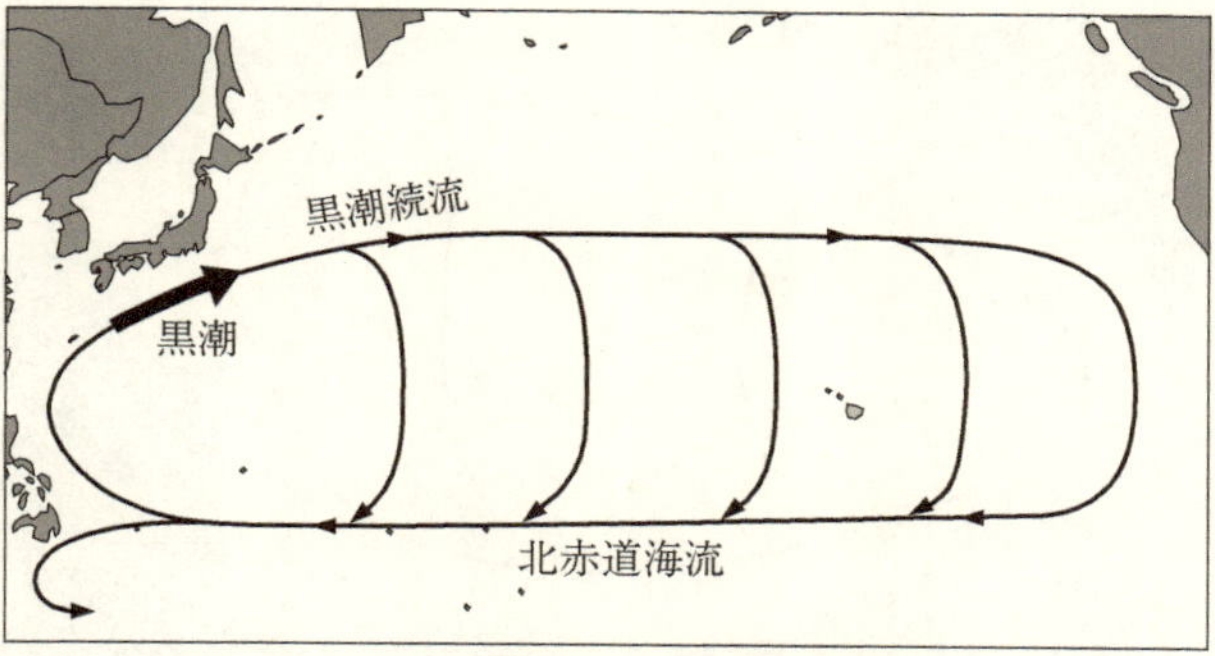

図3－1　北太平洋の亜熱帯循環の流れ

いま歩こうとしている本筋がわからなくなってしまう。まずは、おおざっぱにみる。これが科学の理解を進めていくには肝心だ。

まずは北太平洋。日本もこのなかに含まれているから、なじみの深い海だ。この北太平洋でもっとも優勢なのは、「亜熱帯循環」とよばれる時計まわりの大規模な流れだ（図3－1）。「循環」というのは、川の水のように流れっぱなしではなく、ぐるりと一周してもとにもどるような周回する流れという意味だ。

第1章のシラスウナギのくだりでも説明したが、赤道のやや北側を北赤道海流という西向きの海流が流れてきて、それがインドネシアやフィリピンの近くに到達すると、向きを変えて北上。それが日本の南岸をあらう黒潮となるのだ。

その黒潮は、房総半島の沖あたりで向きを東に変えて黒潮続流として日本から遠ざかり、その一部は太平洋を横切

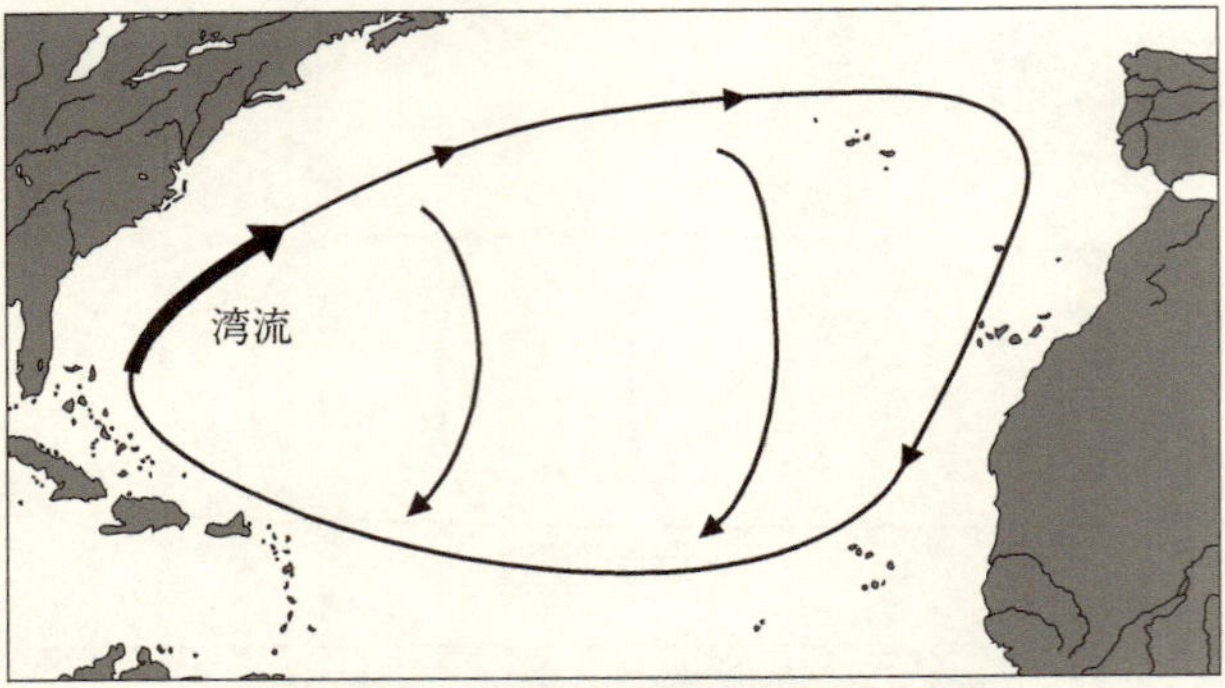

図3－2　北大西洋の亜熱帯循環の流れ

って北米大陸の沖まで達したのちに南下し、また北赤道海流となって赤道の北側を西に向かって流れはじめる。

また、黒潮続流からつづくある部分は、太平洋の東の端まで横断することなく南下して、すぐに北赤道海流に合流する。これが亜熱帯循環の流れだ。

つまり、亜熱帯循環では、西の端でだけ強い流れの黒潮が北上するが、それより東側の大部分の海域では、弱い南向きの流れがうまれているということになる。ともかくも、これで亜熱帯循環は北太平洋を時計まわりに一周した。

つぎは北大西洋。ここでも優勢なのは時計まわりの大規模な流れだ（図3－2）。北太平洋で赤道の北側を西向きに流れていた北赤道海流に相当する海流は北大西洋にもあって、おなじ北赤道海流の名でよばれている。

それならば、北太平洋の西の端にある強い黒潮に相当する流れは、北大西洋にもあるのだろうか。

それが、やはりあるのだ。その名は「湾流」。黒潮とならぶ強い海流だ。メキシコ湾から北米大陸東岸のあたりを北上するので、まれにメキシコ湾流とよばれることもあるが、実際にはメキシコ湾を出入りする海水はあまり多くないため、海洋学の世界では、ふつうはメキシコ湾流とはいわずに、たんに「湾流」という。

インド洋は、赤道のすぐ北側にインドの陸地があるので、北極圏ちかくにまで海原が広がる北太平洋や北大西洋とはちょっと様子が違う。これは、あとで南半球の海をみるときに、一緒に説明しよう。

さて、北太平洋と北大西洋。この両者は陸地で仕切られてまったくべつの海なのに、その大規模な流れはよく似ていた。優勢な時計まわりの循環があり、しかも、西の端には北上する強い海流がある。これは、どうも偶然ではない感じだ。こうなるべくしてこうなった必然性があるのではないだろうか。

南半球に目を移そう。

南太平洋には、北太平洋とは逆に、反時計まわりの大規模な循環がある（P104・図3−3）。東の端を流れる海流は北上流となり、これにはペルー海流という名前がついている。このペルー海流は、じつはエルニーニョの発生に関係がある有名な海流だ。その話は、つぎの章であらためて詳しく説明しよう。

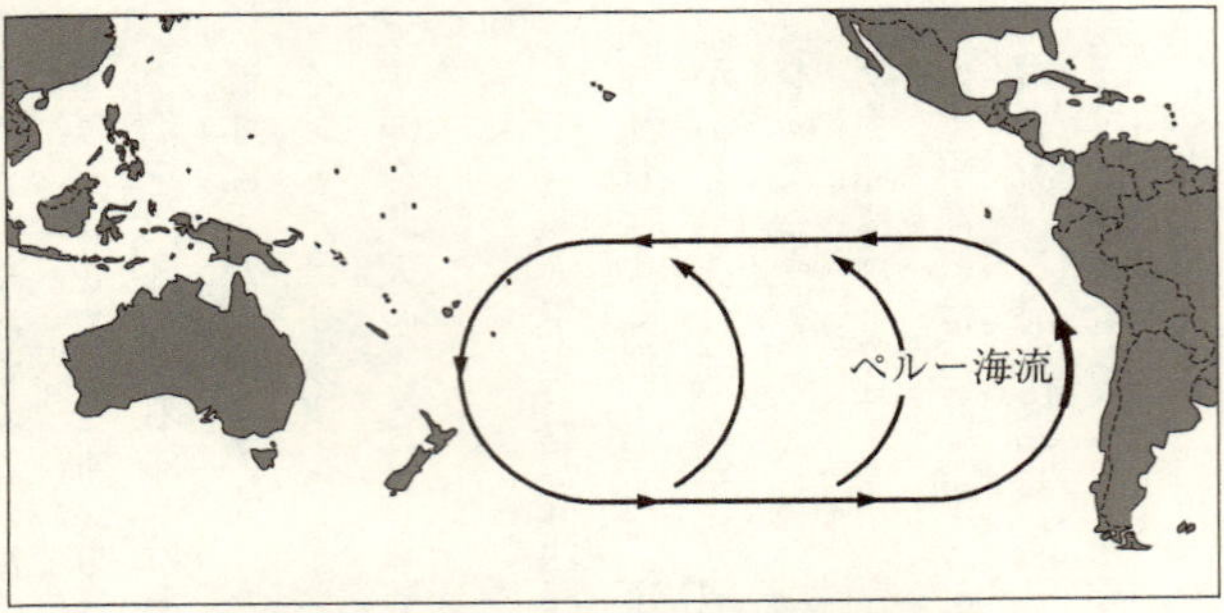

図３－３　南太平洋の循環模式図

南大西洋の海流も、南太平洋とおなじで反時計まわりだ。インド洋は、赤道のすぐ北にインドという陸地があるので、太平洋や大西洋ほどには大洋としての純粋な特徴がでてこないのだけれど、それでも、南半球では反時計まわり、北側では時計まわりの循環をみることができる。

共通点がみえてきた

さて、これまでにわかった大洋の大規模循環の特徴。それは、北半球には時計まわりの大規模循環があり、その西の端には強い海流ができること。南半球はその逆で、反時計まわりの循環になっていた。

ここまで状況証拠がそろえば、この整然とした流れのしくみを、たんなる偶然ですますわけにはいかないだろう。なぜこうなるのか。それを説明するのが、この本の最大の目的だ。ここにいたるまでの前置きがずいぶん長かったような気もするが、いよいよそれを説明するときがきた。

いきなり全部を説明するのは大変なので、二段階にわけよう。このような海流のパターンは、地球が自転していて、しかも球形だからうまれると説明した。だから、このさきの話も、そのようにふたつにわける。まず最初に、自転しているということが、どのような効果をうんでいるかという点。それがおわったら、地球が球形であるがゆえに生じている海流の特徴について説明しよう。

3-2　見かけ上の力

回転する台の上でボールを投げると……

さあ、まず、回転しているものの上にのっている物体の動きにみられる、静止しているものの上の物体にはない特徴について考えていこう。

ここに、大きな円形の平らな台があると想像してほしい。この台は、上からみて反時計まわりにゆっくりと回転している。地球も北極の側からみると、回転方向は反時計まわりだ。

そう、この回転する円形の台は、北半球の代わりなのだ。地球は球形で、この台は平面。「まったく違うではないか」と憤慨してはいけない。いきなり「回転する球」では話が難しくなりすぎるので、まず「回転」の部分にかぎって話を進めるという方針だったことを思い出してほしい。そのために、あえて「球」の部分を取り去って、「回転する平面」で考えていくのだ。

あなたはいま、この回転台の中央に立っているとしよう。そして、この円形の台の縁にいる相方にボールを投げる（図3－4）。あなたがピッチャーで、相方はキャッチャーだ。そして、あなたは抜群のコントロールの持ち主で、百発百中のストライクボールを投げることができる。

あなたは、地球の回転をふだんは意識することがないのとおなじように、この台が回転していることにも気づいていないとする。自信は満々だ。はずすわけがない。そして、いつものように振りかぶって、投げた。さあ、どうなる。

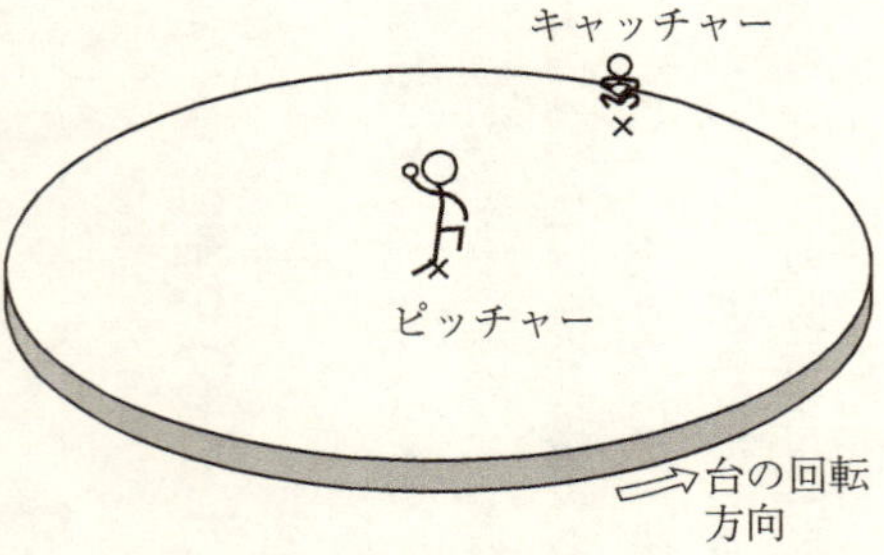

図3－4　円盤上のキャッチボール
回転する台の中心に立つピッチャーが、縁のキャッチャーにボールを投げるとどうなるか？

あなたは、愕然とするはずだ。なぜか、ストライクが入らないのだ。こんなはずはない（図3－5）。何度も繰りかえしてみるが、ボールはおなじコースをたどって、ストライクゾーンから右側にそれてしまう。速球を繰りだしても、スローボールを投げても、どうやっても球は右に曲がっていってしまうのだ。

「なにかがオレの百発百中のコントロールを崩している」。

あなたは、こう考えるに違いない。

「ボールはたしかにキャッチャーめがけて投げた。だが、ボールは飛んでいるうちに右にずれた。ボールの進行方向が変わるということは、その向きに力が働いたということだ。飛んでいるボールを右向きに引っぱる正体不明の力が働いて、ボールは右にずれてしまったんだろう」。

まさに、そのとおりなのだ。この正体不明の力は、ボールが進むと、それを右側に引っぱる向きに働く。投げた瞬間には間違いなくキャッチャーのミットに向かったボールが、飛んでいるうちにこの力で右向きに引っぱられて、キャッチャーまで届いたときにはストライクゾーンから右にそれてしまったのだ。

図3-5

ストライクが入らない（イメージ）

『巨人の星』©梶原一騎・川崎のぼる／講談社

なにがボールを右に曲げたか?

回転する台の上を飛んでいるボールに働いたこの特殊な力を、「コリオリの力」という。もちろん、地球上で動く物体にも、この力は働く。「コリオリ」というのは、この力について最初に論じた一九世紀はじめのフランスの物理学者グスタフ・コリオリのコリオリ。もし、あなたが回転台の上でもストライクを投げたければ、この右向きに働くコリオリの力をあらかじめ考えに入れて、ストライクゾーンのやや左をめがけて投げなければいけなかったのだ。

では、このコリオリの力は、どのようにしてうまれたのだろうか。

あなたは、たしかにキャッチャーのストライクゾーンの向きにボールを投げた。つまり、投げた瞬間には、キャッチャーはボールが飛んでいくさきにいた。飛行中のボールは真下に働く重力以外の力はうけないから、ニュートンの法則によれば左右には曲がることなくまっすぐに飛んでいく。

この不思議な現象を解きあかすかぎは、キャッチャーの側にある。ボールはまっすぐに飛んでいくのだが、そのあいだも台は回転をつづける。キャッチャーは台の縁にのっているのだから、キャッチャーも動く。動く向きは反時計まわり。中心からみると、左のほうに動いていくことになる。

ボールはまっすぐに、そしてキャッチャーは左に。結果として、ボールはキャッチャーよりも右に飛んでいくことになる。

この説明を聞いて、「ずれたのはキャッチャーのほうで、ボールはまっすぐに飛んでいる。さきほどの『ボールが右にそれた』という現象の説明になっていないのではないか」と考える人も多いかもしれない。これは、もっともな疑問だ。このコリオリの力に出合った人は、たいていそう思うものだ。ずれたのは、どちらなのだろう。どちらがずれたかをはっきりさせなければ、いけないのだろうか。

ずれたのは、ボールかキャッチャーか?

じつは、どっちがずれたと考えても構わないのだ。「そんなふうにいわれても納得できない」という声が聞こえそうだ。それは、こういう理由からだ。

「ボールはまっすぐに飛んだ。キャッチャーのほうが左にずれた」と考える人は、このピッチャーとキャッチャーが反時計まわりに回転する台の上にのっていることを知っている。いいかえると、この台の外部から、たとえば台の上方からこの台をみおろしているわけだ。だからこそ、たしかに台は回転していて、その上でピッチャーが投げたボールはまっすぐ飛び、そのあいだに、キャッチャーは台ごと回ってボールより左にずれた、ということがわかったのだ。

このようにみるのはあたりまえだと思うかもしれない。しかし、べつの見方もある。

わたしたちは地球上で暮らしている。この地球は、コマのように二四時間で一回転している。だから、わたしたちは、台の上のキャッチャーとおなじように、地球とともに猛烈なスピードで回転しているのだ。

地球一周の距離は約四万キロメートル。これを二四時間で一回転するわけだから、赤道上に立っている人は、一時間あたり約一七〇〇キロメートルものスピードで、地球とともに回転していることになる。

時速一七〇〇キロメートルといえば、ジェット機の二倍のスピードだ。音速さえも超えている。赤道上でキャッチボールする人は、猛烈なスピードで回る回転台にのっているようなものなのだ。赤道より緯度の高い東京だって、事情はほとんど変わらない。東京にいる人は、赤道にくらべれば、やや径の小さい回転台にのっていることに相当するが、それでも時速一四〇〇キロメートル近いスピードで回転している計算になる。

だが、わたしたちはふつう、自分が地球とともに回転していることは意識していない。朝になると太陽がのぼるのは地球が動いているからだと頭では理解しているかもしれないが、日常生活では、無意識のうちに地球は止まっていると考えているはずだ。

赤道上で地球の回転とおなじ東向きに時速一〇〇キロメートルでボールを投げたとき、地球が回転するスピードの時速一七〇〇キロメートルをその時速一〇〇キロメートルに加えて、「わたしの投げたボールの速さは時速一八〇〇キロメートル」と考えるだろうか。ふつうは、そうは考えない。地球に対して自分は静止していると考えて、やはりボールの速さは時速一〇〇キロメートルと考えるのが自然だ。

つまり、地球上でキャッチボールするとき、本当は猛烈なスピードで地球とともに回転しながらボールを投げたりうけたりしているのだけれど、わたしたちはふつう、自分は静止していると考えているものなのだ。だから、地球上で物体の動きを考えるときは、もし地球の回転を考えずにすますことができるなら、そのほうがわたしたちの実感によくあっていて考えやすいものなのだ。

では、さきほどの回転台の中心にのっているピッチャーが、ちょうど地球の上のわたしたちとおなじように、自分は回転台とともに回っていることを意識していないとすれば、ボールが右にずれていくことを、みずからどう説明するだろう。もういちど、よく考えてみよう。

ピッチャーの視線は縁のキャッチャーに向いている。本当は、ピッチャーは台とともに回転しているのだが、おなじスピードでキャッチャーも回転しているのだから、視線はキャッチャーに向いたままだ。つまり、ピッチャーもキャッチャーも、お互いに静止しているのと、なんの変わりもない。

だから、ピッチャーは自分が回転していることに気づかない。自分は静止していると思うわけだ。それならば、ボールを投げればまっすぐに飛ぶはずだ。だが、ボールは右にずれていく。ということは、飛んでいるボールに右向きの力が働いたのだ。それ以外には、ボールの進行方向が曲がることの説明はつかない。自分が回転台の上にのっていることに気づいていないピッチャーは、このように考えるだろう。

つまり、回転台にのっていることを忘れる代わりに、ボールに右向きの「コリオリの力」が働いていると考えるわけだ。この仮想的な力を考えさえすれば、台の複雑な回転運動はないものとしてボールの行方をニュートンの方程式から簡単に計算できるので、きわめて楽だ。楽におなじ結論を得るための便利なテクニックともいえる。

場所を変えて投げてみた

ここまでは、イメージしやすいように、回転する台の中心に立つピッチャーから、縁で待つキャッチャーにボールを投げる例で説明してきたが、じつは、コリオリの力は、ピッチャーとキャッチャーが、この回転台の上のどこにいようとも、おなじように働く。

たとえば、いまの例で逆にキャッチャーがピッチャーにボールを投げかえした場合。キャッチャーがピッチャーにまっすぐにボールを投げても、キャッチャー自身が反時計まわりに移動しながら投げているのだから、ボールのコースはピッチャーの右側にずれる。

台の縁のキャッチャーが投げたボールは、ピッチャー方向のボールの速度にキャッチャーが台とともに動く速度がプラスされて、ピッチャーの右に飛んでいくのだ（図３−６）。
これ以上は説明しないけれど、ピッチャーとキャッチャーのそれぞれが、中心と縁ではなくて台の上の適当なところにいたとしても、事情はおなじことだ。

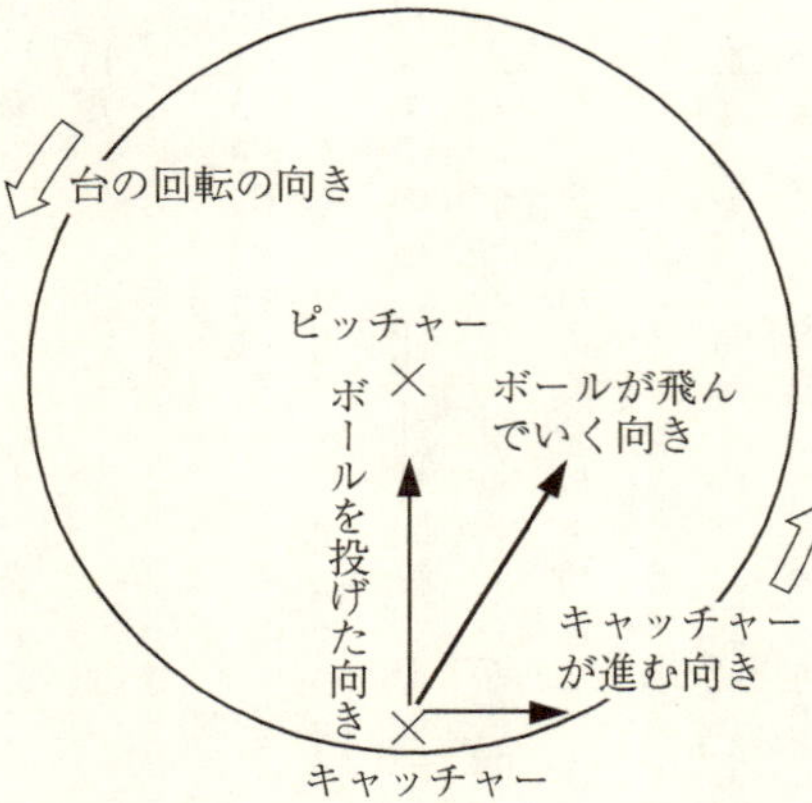

図３−６　キャッチャーが返球すると……

緑のキャッチャーが中心のピッチャーをめがけてボールを投げても、ボールはピッチャーの右にずれて飛んでいく。

台が反時計まわりに回転しているかぎり、その台の上で移動する物体には、その進行方向に対して直角右向きの力が働く。違う言い方をすれば、その物体が台の上をどのように動こうとも、そのときの移動方向に対して直角右向きの「コリオリの力」を加えておけば、あたかも静止した台の上を移動していると考えてもよい、ということだ。

回転台の話がすんなりと頭に入っていかなくても、それは無理もない。海洋学や気象学の専門家だって、そうなのだ。だから専門家も「コリオリの力」を考える。回転を考えなくてすむように「コリオリの力」を導入するわけだ。

回転が逆の場合は?

これまでの説明では、回転台が回る向きを反時計まわりと仮定して話を進めてきた。これは、自転する地球の北半球を回転台で代用したことに相当する。なぜなら、地球の自転を北極側の宇宙からながめると、回転の向きが反時計まわりになっているからだ。

では、南半球の場合はどうなるのだろう。考え方はおなじだ。北極側からみると反時計まわりに回転する地球を、南極側からながめてみる。実際に地球儀で確かめてみてもよい。こんどは北半球とは逆に、時計まわりに回転していることがわかる。

となれば、南半球を回転台で再現したいのなら、回転は北半球と逆の時計まわりにしなければならない。もういちど、おさらいのつもりで、ボールは左右のどちらに曲がるかを考えてみよう。

あなたは台の中心から縁のキャッチャーに直球を投げる。ボールはまっすぐ飛ぶが、そのあいだにキャッチャーは台とともに時計まわりに、つまり右のほうに移動してしまう。結局、ボールはキャッチャーのミットに入らず、あなたからみてキャッチャーの左側にそれてしまう。

そう、南半球では、コリオリの力はボールの進行方向を左に曲げるような向きに働くのだ。そしてやはり、ボールがどの向きに進行しようとも、その方向の直角左向きにコリオリの力が発生する。飛んでいるボールに左向きの力が働けば、ボールは左に曲がっていく。その曲がったボールに対して、やはり直角左向きにコリオリの力は働きつづける。だから、進路はいっそう左に曲がる。もし、ボールが地面に落ちなければ、いつまでも左に左にと進路は曲がりつづけていく。

このように、コリオリの力は、北半球と南半球とでは逆向きに働く。では、その境目の赤道ではどうなっているのだろうか。

赤道上のキャッチボール

ここでは結論だけいっておくと、赤道上ではコリオリの力はゼロになる。地球上でコリオリの力がゼロになるのは、赤道上だけだ。だから、赤道海域では、ほかの海域ではみられない特殊な現象がおきる。その代表例が、世界各地に異常気象をもたらすとされる、太平洋赤道海域のエルニーニョ現象だ。赤道上のコリオリの力とエルニーニョ現象については、つぎの章で詳しく説明することにしよう。

コリオリの力の正体

さて、コリオリの力の話をつづけよう。ここでちょっと注意しておきたいのだが、このコリオリの力は、じつは本物の力ではない。勘の鋭い読者なら気づいたかもしれないが、コリオリの力の説明には、この力を発生させるもとになるものがでてきていない。

本物の力というのは、たとえば「重力」だとか、電気や磁気が力をおよぼしあう「電磁気力」など。重力というのは、地球が物体を引っぱる力のことだから、地球という重力の源がはっきりしている。磁石のN極がべつの磁石のS極に引きつけられているとすれば、そのS極がN極を引きつける力を発生させている。いずれも、力をうみだす原因になる物体があるのだ。

それに、これらの力は、あなたが回転する台にのっていようといまいと、そんなあなたの立場には関係なく働く力だ。重力や電磁気力が本物の力だというのは、そのような意味だ。

これに対して、コリオリの力というのは、その力をうみだす具体的な実体がない力なのだ。ボールに働いているコリオリの力は、べつのなにか具体的なものによってうみだされたのではない。回転台の上のあなたが、自分が静止していると考えても話のつじつまがあうように、仮想的に作りだした見かけ上の力。回転する物体の上にのっているあなたが、自分は静止しているのだと発想を転換するのと引き換えに加えた、見かけ上の力なのだ。

「見かけ上の力」という話は、ちょっと難しいと感じるかもしれない。だが、あなたはすでに、この見かけ上の力の仲間を、日常会話のなかでも使っているはず。それは「遠心力」だ。

遠心力は、見かけ上の力だ。コリオリの力と同様に、本来は、遠心力という力はない。本来はないはずの力だが、あなたが、現象の観察のしかたを変えたのと引き換えに加えなければならなくなった、仮想的な力なのだ。

「クルマが急カーブしたので、遠心力で外側のドアに体が押しつけられた」。日常会話では、遠心力という言葉をこのように使う。この遠心力という力が、いったいどのようなものなのかを、順を追って分析してみよう。

遠心力を体感ドライブ

いま、クルマが直線道路を走っているとする。もちろん、このクルマにのっているあなたも、このクルマとおなじスピードで動いている。

ここで、クルマが急に左に曲がったとする。あらゆる物体には、現在の動きをつづけようとする性質があるので、あなたの体はまっすぐに進もうとする。ところが、クルマがそれを許さない。クルマは左に曲がるのだから、まっすぐに進もうとするあなたの体は、クルマの右側のドアに押しつけられてしまう。それによって、ドアからあなたの体に左向きの力が加わり、あなたの体もクルマと一緒に左に曲がっていくのだ（Ｐ118・図３−７）。

このときあなたの体には、遠心力など働いていない。あなたは、あくまでまっすぐに動きつづけようとしただけ。クルマのほうが左に曲がって、あなたを押したのだ（Ｐ119・図３−８）。

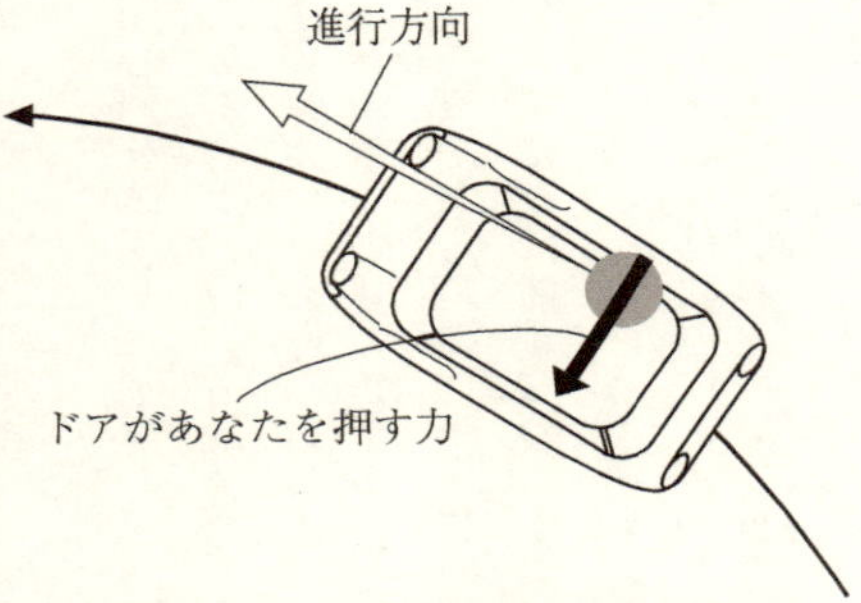

図3－7　車の外からどう見えるか？

車の外から観察すると、ドアがあなたを左に押すので、あなたの進行方向は車とともに左に曲がる。

ところが、もし、あなたが目隠しをされてクルマの動きがわからなかったら、どういうことになるだろう。きっと、自分の体を右向きにもっていこうとする正体不明の力が働いたと思うだろう。なぜか自分の体が右向きに力をうけて、右側のドアに押しつけられてしまった。

どうして自分の体が右側のドアに押しつけられたかを考えるとき、事情がよくわからないクルマのなかのあなたにとっては、自分が直進しようとしているのにクルマが左折したためと考えるよりも、自分に右向きの力が働いてドアに押しつけられたと「自己中心的」に考えるほうが、おそらく楽だ。そのほうが生活実感を反映する。このように「自己中心的」に考えるための便利な道具、それが遠心力とよばれる仮想的な力なのだ。

遠心力は、クルマの動きとあなたの状態を外部から客観的にみるのではなく、おなじ現象を、あなたが自分を中心にした視点でとらえたときにだけ現れる見かけ上の力。なにか力を発生させる源があってでてきた本物の力ではなく、ものの見方を変えたときに必要になった見かけ上の力なのだ。

このとき、ドアが開いていればあなたは車外に放りだされるだろうが、クルマとあなたを空からみている人にとっては、あなたはまっすぐ動きつづけようとしただけで、クルマが曲がったためにドアからあなたがこぼれたということになる。

車内のあなたを中心にして考えれば、クルマが曲がるときに遠心力が働いて、その力であなたは車外に放りだされたということになる。

このあたりの事情は、さきほどのコリオリの力とおなじだ。回転台の動きと自分の立場、クルマの動きと自分の立場を外部から客観的に眺めるのではなく、回転台やクルマの動きを忘れて、あくまで自己中心的な立場に考え方を転換するのと引き換えにでてくる、見かけ上の力なのだ。

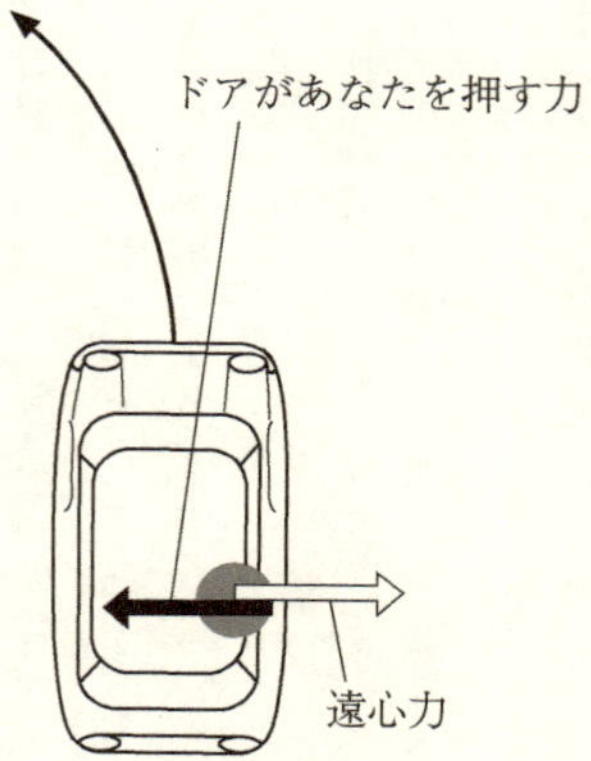

図３－８　車の中ではどう力が働くか？

車の中だけで考えると、あなたには外向きの遠心力が働き、ドアに押される力とつりあっている。だから、あなたは車に対して静止していられる。

ふたつの力の共通項

これまでに、コリオリの力と遠心力というふたつの見かけ上の力を説明したが、この両者はとても関係が深い。もう気づいているかもしれないけれど、両方とも、「回転」に関係した力なのだ。

もっと具体的にいうと、コリオリの力も遠心力も、回転しているものの上でおきる物体の動きを、それがあたかも静止したものの上でおきた現象だと考えようとしたときに付け加えなければならない、見かけ上の力なのだ。

両者の違いは、遠心力は、動いている物体にも止まっている物体にも働くが、コリオリの力は動いている物体にだけ働く。止まっている物体には、コリオリの力は働かない。

さきほどのピッチャーとキャッチャーの例だと、回転台の縁にしゃがんでいたキャッチャーにはコリオリの力は働かず、働いていたのは遠心力だけ。きっと、遠心力で外側に振り落とされないように、必死で踏んばっていたに違いない。

コリオリの力や遠心力のように、ものの動きをみる基準を変えて、複雑な動きでも簡単なニュートンの運動法則で考えられるようにするために現れる仮想的な力を、物理の言葉で「慣性力」という。逆にいうと、慣性力を考えれば、あなたをのせている土台が動いていることを忘れてもよい、ということにもなる。これは、とても便利な考え方だ。

もうひとつ、慣性力の例をあげておこう。

いま、あなたは電車にのっているとしよう。駅が近づいたので、電車はブレーキをかけて減速をはじめる。すると、あなたの体は進行方向にのめりそうになるだろう。

電車の外に立っている人からこの現象をながめると、あなたは電車とおなじ速度で動きつづけようとするのだが、電車のほうがブレーキをかけたものだから、勢いのついていたあなたの体は前にのめってしまった。ここには「慣性力」の登場する余地はない。

だが、車内のあなたを中心に考えると、駅に近づいたと思ったら、いきなり体が前方に引っぱられてつんのめりそうになったということになる。あなたを引っぱったこの力が慣性力だ。車外の人の視点から車内のあなたを中心とする視点に見方を変えたので、この慣性力を考えることになったのだ。

さて、このへんでコリオリの力の話にもどろう。回転するものの上にのっているあなたが、そこでの物体の動きを考えるとき、コリオリの力を考慮に入れれば、回転台にのっていることは忘れてもよいということだった。

これから海流が流れるメカニズムを考えていくときも、わたしたちは回転する地球の上にいることは忘れることにしよう。ただし、重要なのは、コリオリの力をつねに頭のすみに入れておくことだ。これを忘れると、地球の回転が止まったことになってしまう。

3-3 海流に働くコリオリの力

つるつるの斜面を進む

さあ、これからが面白いところだ。コリオリの力を考えると、水の流れにとても不思議な現象がおきる。

川は高いところから低いところに向かって流れる。最初から最後までおなじ高さのところを流れつづける川というものはない。あたりまえの話だ。

ところが、海流は、不思議なことにおなじ高さのところを流れていくことができるのだ。山にたとえれば、高低差のある道をくだっていくのが川。海流は、山腹のおなじ高度をどこまでも進んでいくようなものなのだ。

この山のたとえを、もう少しつづけよう。

いまここに、山の斜面があるとしよう。この斜面をのぼりもくだりもせずに、おなじ高度を進んでいきたい。説明しやすくするために、進行方向に対して右が山側で、左が谷側だとしておこう。

だが、この山の斜面は、とてもつるつるだとする。踏んばりがほとんどきかないので、ずるずると左側の谷に向かって落ちてしまう。

あなたは、この斜面をどうしても進んでいきたい。地面はつるつるで、立ち止まるとそのまま谷のほうに滑り落ちてしまう。さて、谷に落ちずにこの山腹を進むことができるだろうか。

勢いをつけて歩きはじめても、進むと同時に滑り落ちてしまいそうだ。やはり、うまくたどることはできないだろうか。

ちょっと考えると、とてもだめなような気がする。でも、じつは、できるのだ。どうすればよいか。なんのことはない。あれこれ考えずに、どんどん進めばそれでよいのだ。「だって、進んでいるうちに谷に落ちていってしまう」と思った人は、ここでコリオリの力を思い出してほしい。

谷底に落ちない理由

この山腹の斜面を歩いているあなたには、コリオリの力が働く。北半球にいるかぎり、この斜面が東西南北どちらに面していようとも、コリオリの力の向きは、あなたの進行方向に対して直角右向き。いまは山を右に、谷を左にみて歩いているから、あなたに働くコリオリの力は、あなたの体を山の斜面に押しつける向きになる。

すると、どういうことがおきるか。コリオリの力は、ちょうど、滑り落ちそうになるあなたを、だれかが谷側から山側に押して支えてくれるのとおなじような効果をうむ（P124・図3-9）。

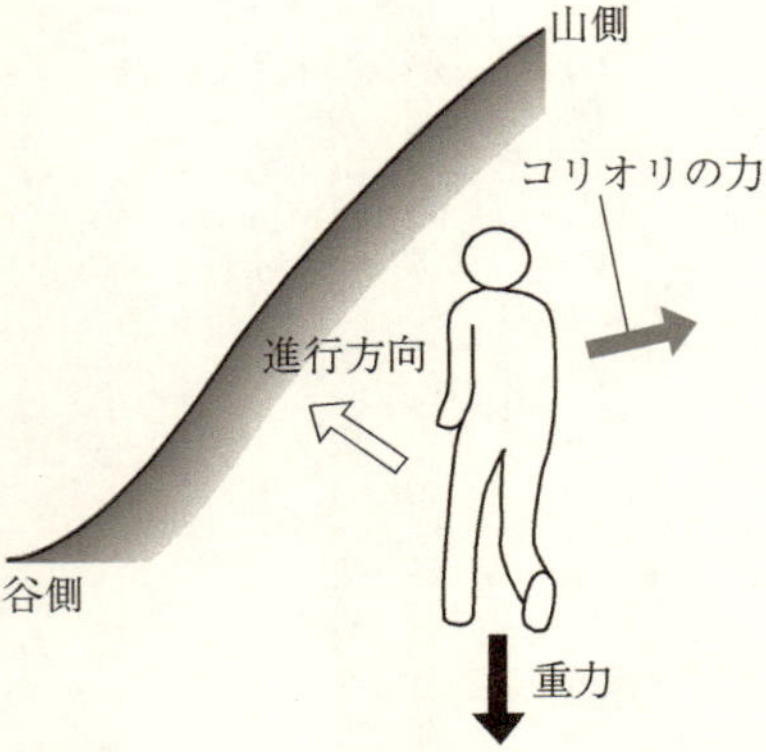

図3－9　コリオリの力の働き
コリオリの力があなたを山側へ押しつける。

コリオリの力は、じつは、あなたが進む速さが大きければ大きいほど強く働くので、まだコリオリの力による支えが足りないと思えば、もう少しがんばって速く進めばよい。あまり速く歩くとコリオリの力が強くなりすぎて、あなたは斜面をずりあがっていってしまうかもしれない。

歩くスピードを上手に調節して、あなたを谷底側に滑り落とそうとする重力とつりあうようなコリオリの力を発生させれば、山の斜面をこちらからあちらに進みつづけることができるのだ。

もちろん、このやり方は、北半球では山が左側にあるときは使えない。コリオリの力はあなたを右側、つまり谷側に引っぱることになってしまうから、あっというまに滑落してしまうだろう。

もし、これが南半球だったら、コリオリの力は左向きに働くから、山側を左手にみて進まなければいけない。

この説明を読んで、「本当にそんなことができるだろうか。ふだん道を歩いていても右側に引っぱられる力など感じたことがない」と疑問に思った人もいるかもしれない。その疑問は、まさにもっともだ。

この疑問にひとことで答えると、まさにそのとおりで、現実には、こんなことはおきない。ここでも細かい計算は紹介しないけれど、もし、あなたがこの山道を秒速一メートルで進んだとしても、それによるコリオリの力は、重力の一〇万分の一程度にしかならない。これでは、あってもなくてもおなじようなものだ。結局、あなたは谷底に滑落する。

だが、物理の話を進めていくときに、このように頭のなかだけで仮想的な実験をしてみることがある。これを「思考実験」という。この思考実験をすることによって、いま理解したい現象がどんなものなのかが、じつによくわかってくるのだ。

思考実験の強みは、本当の実験では難しいような非現実的な極限状況も考えられることだ。なにしろ、頭のなかで考えるだけだから、どんな状況だって簡単に設定できるのだ。たとえば、いまの山の斜面の例だと、あなたがもし、さきほどの秒速一メートルの一〇万倍、つまり秒速一〇〇キロメートルで進んだとしたら、あなたを支えるコリオリの力は、谷底に引きこむ重力の力とほぼおなじになってつりあうから、この道を進みつづけることができるようになる。こんな極端な状況を検討できるのも、思考実験ならではだ。

海流が流れる理由

さて、海流の話にもどろう。

山の斜面の例でわかったのは、斜面にのった物体は、必ずしも斜面をくだって落ちてしまうとはかぎらないということだった。コリオリの力を考えると、いつまでも斜面の上のおなじ高さのところを動きつづけることができる。

これが、海流が流れる原理なのだ。海流は高いところから低いところに流れるのではない。斜面上をのぼりもくだりもしないで、おなじ高さを流れつづける。

ここでいう斜面というのは、もちろん海面のことだ。日本南岸を北向きに流れる黒潮だと、その進路の右側、つまり大洋側の海面のほうが、左側である陸側の海面よりも一メートルほど高い。黒潮は右側が高くなっている斜面上を流れているのだ。

「なんだ、たったの一メートルか」と思うかもしれない。まえに、黒潮の幅は一〇〇キロメートルから二〇〇キロメートルもあると説明したからだ。たしかに幅一〇〇キロメートルに対して一メートルの高低差など、とるに足らなく思えるかもしれない。これは、コリオリの力がきわめて弱いことに対応している。

しかし、もしこの一メートルの高低差がなければ、わずかとはいえ黒潮には右向きに力が働きつづけることになる。そうすれば、ニュートンの法則のところで説明したように、黒潮は右向きに加速度を得て、みるみるうちに姿を変えてしまうはずだ。

そうならないのは、このわずか一メートルの高低差がうみだす水圧が、かすかなコリオリの力と絶妙にバランスしているからなのだ。力がバランスしていると、その力が打ち消しあって、見かけ上は力が働いていないのとおなじことになる。だから、海流は、まるでなんの力もうけていないかのように、おなじ姿をたもったまま流れつづけていることができるのだ。

実際には、この一メートルの高低差は、風でたつ海面の波に隠れてしまう。うねりや、もっと細かい風波でも、波の高さが一メートル、二メートルなんていうのはざらだ。そのような表面の波を取りのぞいたと仮定したときに残る海面のゆるやかな高低差が、この一メートルになるという意味だ。

この本の第1章で、「海流は高いところから低いところに流れるのだろうか」と問いを投げかけておいたが、これでやっと答えがでたわけだ。「そうではない。海流は斜めの海面に沿っておなじ高さのところを流れているのだ」と。

せっかくここまで説明したのだから、もうちょっと踏みこんでおこう。

さきほどは、あらかじめ固い斜面があって、それに沿って海流が流れているかのように説明した。だから、この斜面から海流を引きずりおろそうとする重力と、海流に働くコリオリの力とがつりあっているという話になった。

でも、よく考えてみると、海流は海の表面近くの流れのことだ。海底から海面まで全部が水で、そのうちの表面に近い部分が動いて海流になっている。あらかじめ斜面が用意されているわけではない。山なら、この斜面は地面だが、海流にとっての斜面とは本当はなんだろうか。

じつは、この斜面は、話をわかりやすくするために使っただけで、実際にあるわけではない。黒潮の右側と左側とで一メートルの高低差があるというのは本当だが、これは、あらかじめ用意された斜面の高低差ではなく、黒潮みずからが作りだしている海面の高低差なのだ。

黒潮の右の縁と左の縁との高低差は一メートル。ということは、右の縁の水深一メートルの部分が左の縁とおなじ高さということになる。左の縁の海面は、その上に海水はのっかっていないので水圧はゼロ。ところが、それとおなじ高さの右の縁では、その上に一メートル分の海水がのっているので、水圧がかかっている。まえに計算したけれど、水深一メートルの部分には、一〇センチメートル四方あたり一〇キログラムに相当する圧力がかかっているのだった。

とすれば、水は圧力の高いほうから低いほうに押しだされるように移動するはず。この場合は、黒潮の右の縁から左の縁の向きだ。ところが、黒潮には流れる方向の右向きにコリオリの力が加わる。これは、水圧による力の向きとは逆だ。だから、水圧による力とコリオリの力とがちょうどバランスして、黒潮は安定して流れつづけることができるのだ。

このように、場所場所で圧力が変化していく割合を、物理の言葉では「圧力勾配」という。水に力をおよぼす圧力の変化が、まるで斜面の勾配のような働きをするので、こんな名前でよばれているのだ。

この圧力勾配という言葉を使うと、「海流はコリオリの力と圧力勾配とがつりあった流れ」ということになる。このように、コリオリの力と圧力勾配とがつりあってできている流れのことを、「地衡流」とよんでいる（図3－10）。

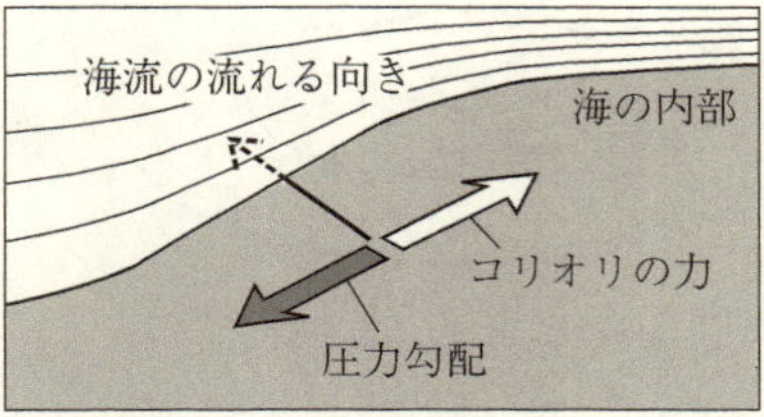

図3－10　海面におけるコリオリの力
海流は、圧力勾配とコリオリの力とがつりあう「地衡流」だ。

北半球の流れを見立てる

言葉がいろいろでてきたついでに、もうひとつあげておこう。流体に働く力と動きの関係を調べる物理学の分野を「流体力学」ということはすでに説明したが、この流体力学を回転する球体である地球上の流体に適用したとき、それを特別に「地球流体力学」という。海流や気流はもちろん、広い意味では、地下深くで岩石が溶けた「マントル」の動きなども、地球流体力学の対象になる。

ここまでわかると、こんな面白い思考実験もできる。水の入った水槽を考えよう。この水槽の中央部の水面を、なんらかの方法で盛りあがらせたとする。中央の水面は盛りあがって高く、水槽

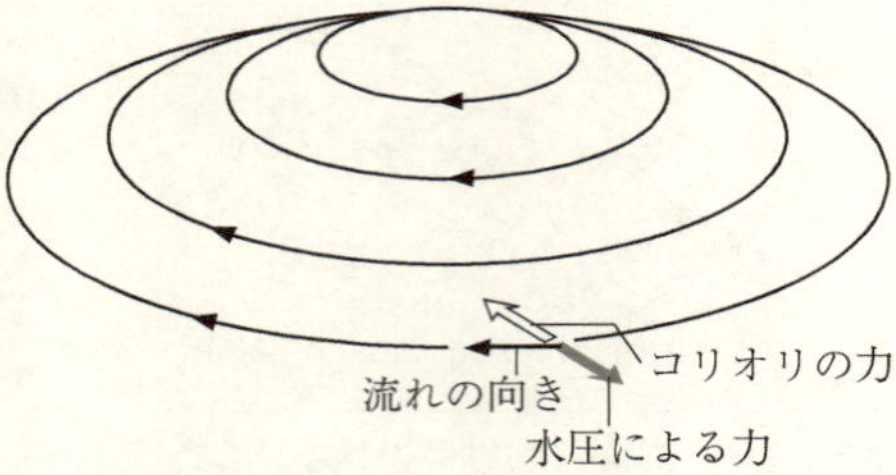

図3-11　海流の流れ
回転する台の上では、水圧による力とコリオリの力がつりあって、水の盛りあがりを右手にみて周回する不思議な流れができる。

の壁に近づくにしたがって低くなっている。どうすればそんなことができるか、という点を考えなくてもよいのが、思考実験の便利なところだ。いきなりここからスタートできる。

さて、このさき、水面はどうなるか。高い部分からまわりの低い部分に水が移動し、水面はやがて平らになって水は静止する。当然のことだ。

だが、この水槽が反時計まわりに回転する台にのっているとしたらどうだろう。水面は、やがては水平になるしかないのだろうか。

じつは、このとき水槽の水にはコリオリの力が働くので、それ以外の水面の形もありうる。中央部の水面が盛りあがったままで安定する、という奇妙な形だ。

ただ、それには条件がある。水は動いていなければならない。そうでなければ、コリオリの力が働かないからだ。さきほどの黒潮の例とおなじように、右手側の水面が高くなるような状態で水が動けば、水の圧力による左向きの力と右向きのコリオリの力とがつりあって安定する。この水槽では中央部が盛りあがっているのだから、水が時計まわりに動けば、右手側の水面が高い状態になる。

つまり、回転する台の上では、「水が中央部で盛りあがったまま、時計まわりに回りつづける」という安定な状態も実現可能なのだ（図3−11）。もちろん、水面が平らになって動きが静止するという状態もありうる。回転台の上だと、それに加えて、水が回りつづけるという状態もありうるということなのだ。

なにか気づいたことはないだろうか。水が時計まわりに回りつづける……。そう、北太平洋や北大西洋を大規模に巡回する海の流れ、すなわち海の循環だ。いずれの大洋でも、優勢な流れは時計まわりに循環していた。じつは、このように、盛りあがった水面のまわりを、時計まわりに一周する海水の流れが北半球の海流なのだ。

3−4　大気に働くコリオリの力

高気圧と低気圧

海流や気流など地球上を流れる流体の面白いところは、このコリオリの力が関係する部分だ。

わたしたちが日常生活でコリオリの力を意識することは、まずないが、身のまわりにも、このコリオリの力を考えに入れてはじめて説明できる現象は少なくない。

たとえば、毎日の天気予報でもおなじみの高気圧や低気圧。これも、コリオリの力がなければ存在できない（図3―12）。北半球と南半球とではコリオリの力の働く向きが左右逆になるので、これからの説明では、日本のある北半球を例にとることにしよう。

高気圧というのは、その名のとおり周囲より気圧が高い場所のことだ。高気圧におおわれると、そこは好天になる。これは日常生活でもおなじみのことだ。だが、それはなぜなのだろう。

高気圧は、上からみると時計まわりに大気が循環している。高気圧の中心部は気圧が高いから、もし大気が循環していなければ、中心部から気圧の低い周縁部に空気が流れだして、高気圧は消滅してしまうだろう。

だが、高気圧のなかで時計まわりに循環している大気の流れには、コリオリの力が働く。力の向きは大気が動く方向の右向き、つまり中心向きということになる。

気圧による力は中心から外向きに、コリオリの力は逆に中心に向けて働くから、この両者がバランスして高気圧は安定していられる。もし、コリオリの力がなかったら、気圧の力とつりあいをとれる力がないので、バランスがくずれて高気圧は存在できない。もし地球が自転していなければ、コリオリの力は発生しないから、高気圧などというものにはお目にかかれないはずなのだ。

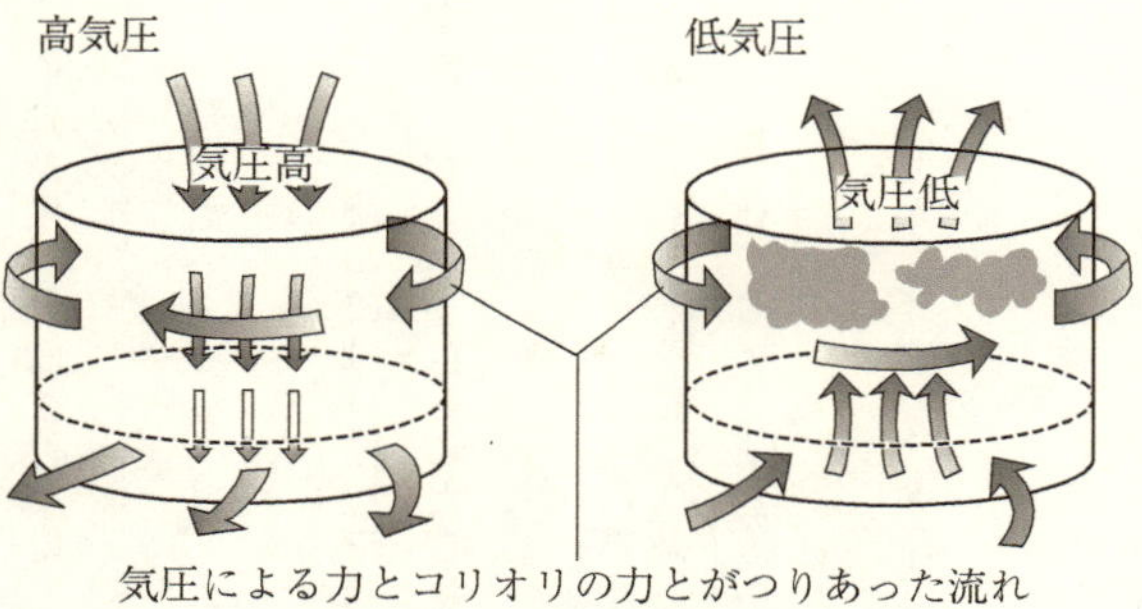

図３－12　高気圧と低気圧

この高気圧のなかの大気の流れのように、気圧の力とコリオリの力とがつりあっている大気の流れを「地衡風」という。さきほど海流の説明をしたときに、水圧による力とコリオリの力とがバランスしている流れを「地衡流」といったが、地衡風もメカニズムはおなじもの。大気の話だから「風」の文字を使っただけだ。

それはよいとして、「どうして高気圧におおわれると好天になるのか」という疑問に、まだ答えていなかった。

高気圧は時計まわりに大気が流れているのだが、地面の近くでは、ちょっと様子が違ってくる。地面からの摩擦力で大気の流れにブレーキがかかるのだ。

コリオリの力の強さは、じつは物体の動きの速さに比例する。大気の動きにブレーキがかかって遅くなれば、コリオリの力が弱くなる。すると、地面付近では、コリオリの力よりも気圧の力のほうが大きくなって、気圧の高い高気圧の中心部から周縁に空気が押しだされて流れでる。時計まわりに流れながら、外側に広がっていってしまうのだ。

その結果、地面付近では、高気圧の中心部で空気が足りなくなるので、それを補うように、上空から空気がおりてくる。このような事情で、高気圧の中心部では下降気流がうまれているのだ。

下降気流のある場所は、天気がよくなる。そのわけは、逆に上昇気流をさきに考えたほうがわかりやすいかもしれない。

空気のなかには、雲粒や雨粒のもとになる水蒸気が含まれている。空気は温度が高いほどたくさんの水蒸気を含むことができるのだが、上昇気流がうまれて空気が上昇すると、この空気の温度がさがって、もともとあった水蒸気を含みきれなくなる。だから、そのぶんが水滴となって雲粒になったり、雨となって落ちてきたりする。

反対に、下降気流にのった空気は、温度があがってたくさんの水蒸気を含むことができるようになるので、雲などは蒸発して空気のなかの水蒸気として取りこまれる。かくして、晴天になるのだ。

このような理由で、下降気流がうまれる高気圧の中心部には、雲のない好天域が現れやすいのだ。

低気圧で悪天候になるのもおなじこと。低気圧のなかでは大気は反時計まわりに循環していて、コリオリの力は中心から外側に向かって働いている。地面付近の摩擦で循環のスピードが落ちると、外向きのコリオリの力が弱まり、気圧の力が勝つようになる。そのため、気圧の低い中心部に向かってまわりから空気が流れこむ。この空気が中心近くで上昇気流となって、雲をうみだすのだ。

温帯でできる低気圧では、このメカニズムのほかに、中心から伸びる「前線」も悪天候の原因になる。前線というのは、温かい空気と冷たい空気の境目のこと。ここでも上昇気流ができて、雨がちになる。

日本では、冬になると西側に高気圧、東側に低気圧がいすわる「西高東低」の気圧パターンが出現することが多い。このとき、日本列島には冷たい北風が吹きつけるのだが、なぜだかわかるだろうか。

西側の高気圧のまわりには時計まわりの流れが、東側の低気圧のまわりには反時計まわりの流れができているから、そのまんなかにある日本には、北から南に向く冷たい風が吹くことになる。

ちなみに、この冷たい風は日本海の上を吹いてくるのだが、冬になっても海は大気ほどには冷えないので、まるで湯気のたつ寒い季節の露天風呂のように、大気中にさかんに水分を補給する。この水分でたくさんの雲ができて、日本海側に雪を降らす。

だが、この大気中の水分は日本海側でおおかた雪として落ちてしまい、日本の背骨のような山岳部を越えて太平洋側に風が吹きおりてくるときには、乾燥した空っ風になっている。こんな事情で、日本海側の冬の空といえば重くたれこめた雪雲の曇天が、そして太平洋側では晴天がつづくのだ。

3−5 らせん

なぜ海面は盛りあがるのか

さて、また海流の話にもどろう。北半球の大洋には時計まわりにめぐる海流のパターンがある。そして、このようなときは、コリオリの力の影響で、その循環の中心部の水面は盛りあがっているのだった。水面の盛りあがりの斜面を、盛りあがりを右手にみながら時計まわりに周回しているのが海流というものだった。

ところで、この水面の盛りあがりを作っている原動力はなんなのだろうか。盛りあがりができているところから出発して考えていくと、この盛りあがりの周囲を循環する流れというものがありうることは説明した。だが、そもそも、盛りあがりができなければ、話がはじまらない。

ここでもまた、さきに答えをいっておこう。この盛りあがりを作りだしているのは、海面を吹く風なのだ。

北太平洋の亜熱帯循環を考える。その西の端に北上する黒潮をもつ、時計まわりの代表的な流れだ。この循環のうちの北側の部分、すなわち西から東に流れる部分の海上には、それとおなじ向きに偏西風が吹いている。そして、南半分の東から西に流れる部分には、やはりおおむね東から西に向く偏東風が吹いている。

循環の北側の部分では東向きの風が海面をこすって東向きの流れを作りだし、南では西向きの風が西向きの流れを作りだす――。これなら話が単純でわかりやすいのだが、残念ながらそうはなっていない。見かけ上はこれでよさそうなのだけれど、コリオリの力が働いている以上は、このようなメカニズムでは海流は流れることはできないのだ。

どうしてか。それは、コリオリの力が働いているときは、海面の水は海上を吹く風の方向には動かないからだ。

コリオリの力がなければ、水面を風が吹くと、水は風とのあいだの摩擦力で引っぱられて、その向きに動く。風が東向きに吹けば、それに引かれた水も東に動くのだ。

らせんを作る力

ところが、コリオリの力があるときは、こうはならない。風に引きずられて海面の水が動くと、その水にはコリオリの力が進行方向に対して北半球では右向きに働く。そのため、海面の水の動きは、その上を吹く風の向きに対して四五度だけ右にずれる。たとえば、北向きの風に引きずられる海面の水は、実際には北向きではなく北東の向きに動く。

海面の水は風に引きずられて、このように動くのだが、では、その海面の水よりちょっと深いところの水には、どのようなことがおきるのだろう。ここでも、また、おなじことがおきる。つまり、自分の上にのっかっている水に引きずられた水は、その上側の水とおなじ向きには動かない。コリオリの力が働いて、進行方向は少し右側にずれるのだ。

さらに、その下の水の進行方向が右側にずれ、その下の水の動きも右側に……。水の進行方向は、深くなるにしたがって右に右にとずれていく。さきほどの例でいうと、北向きの風に引きずられた海水の進む向きは、深くなるにしたがって、最初の北東から東向きに、そして南東、南、南西、西……という具合に回転していくのだ。ある深さでは、海上の風は北向きなのに海水の流れは南向きという不思議な現象がおきていることになる。

ちなみに、水の動きの速さは、深くなるにしたがってどんどん遅くなる。

水深が深くなるとともに、流れの向きはグルグルと、まるで「らせん階段」を描くように変わっていく。というわけで、この海水の「らせん階段」のことを、地球流体力学の世界では「エクマンらせん」とよんでいる（図3-13）。エクマンは、二〇世紀の前半を中心に活躍したスウェーデンの海洋物理学者だ。

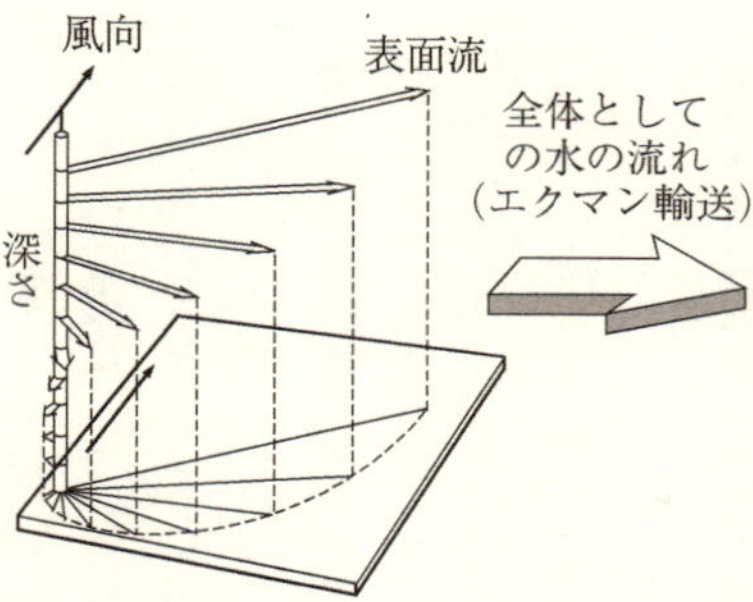

図3－13　エクマンらせん

そして、またまた不思議なことに、海面から、流れがゼロになる深い部分まで水の流れ全体を足しあわせると、水はトータルで風の進行方向に対して右側に動く。部分部分をみると、水深によって、ある深さの水は風とおなじ向きに、ある深さの水は風と反対向きに流れたりしているのだが、全体を足しあわせると、風によって運ばれる正味の海水の向きは、風の方向ではなく、北半球では風の直角右向きなのだ。この海水の動きを「エクマン輸送」とよぶ。

もういちど、北太平洋の時計まわりの循環にもどろう。循環のうちの北の部分では、その上空を西から東に向かう偏西風が吹いている。東向きの風が吹いているところでは、海水はどちらに運ばれるだろうか。この偏西風によるエクマン輸送は、東向きの風に対して直角右向き、つまり南向きになるのだ。

では、循環の南半分ではどうか。ここでは西に向かう風が吹いているから、エクマン輸送はその直角右向き。だから、北向きになる。

循環の北側部分では南向きに、そして南側部分では北向きに海水が運ばれる。つまり、循環の中央に寄るように海水は動くのだ。こうして循環の中心部は水が盛りあがり、その周辺部を時計まわりに回る亜熱帯循環ができあがるのだ。

復習しておこう。どうして風の向きに海水が循環していると考えてはいけないのか。それは、そもそも、コリオリの力のため海水が風の向きに動かないからだ。

海水が動く向きは、動きの速い海面から動きがなくなる深い部分までのトータルをとると、風の向きに対して直角右向きになる。そのため、亜熱帯循環では海水は中央部に寄せ集められて盛りあがる。

これだと循環する流れはできないような感じもするが、そうではない。コリオリの力が働くと、水は高いところから低いところにではなく、斜めになっている水面のおなじ高さの部分を、斜面に沿うように流れることができるようになる。かくして、エクマン輸送でできた大規模な水面の盛りあがりの周囲を、時計まわりに海流は流れるのだ。

じつは、新聞やテレビなどにもよく登場して、このエクマン輸送と関係がとても深い現象がある。太平洋の赤道海域でおきるエルニーニョ現象だ。せっかくエクマン輸送までたどりついたのだから、世界に異常気象をもたらすこのエルニーニョ現象とはいったいどんな現象なのかを、このあたりで章をあらためて説明しよう。

第4章

エルニーニョを解く

海を測る乗物・道具シリーズ　<その5>

採水装置

海中のさまざまな深さの海水を採取する装置。筒状の採水器をたくさん並べた装置をワイヤーで徐々に海中におろし、目的の深度に達したら次々にふたを閉じて海水を筒のなかに閉じ込める。引き上げてから開けて分析する。

4―1　そもそも、エルニーニョとはなにか

神の子のいたずら

日本では冷夏に暖冬、そして遅い梅雨あけ。世界的にみれば、高温の地域が南アジアや南米などあちこちに現れ、降水量も例年にくらべて異常に多い地域や少ない地域が続出――。

世界中にこのような異常気象をもたらすとされるのが、エルニーニョ現象だ。東太平洋の赤道海域で、海面水温が例年にくらべて数度ぐらい高い状態がつづく。数年に一度の割合で発生し、この水温の狂いが大気を伝わって世界各地に異常気象をもたらす。

もともと、「エルニーニョ」というのは異常な現象ではなく、南米のペルーやエクアドルの沖あいで毎年きまって繰りかえされる、ごくふつうの現象に対してつけられた名前だった。

エルニーニョという言葉は、ペルーなどで話されているスペイン語で「男の子」という意味。ただし、この海の現象を指すときは「エル」と「ニーニョ」の最初の文字をそれぞれ大文字で書く。こうすると「神の子イエス・キリスト」の意味になる。

なぜ、イエス・キリストなのか。その種あかしをするまえに、この南米沖はどのような特徴が

ある海域なのかをみておこう。

南米のペルー沖では、毎年九月を中心に、海の深い部分から冷たく栄養分の豊富な海水がわきあがってきて、アンチョビーという小形のイワシのよい漁場になっている。でも、どうして海水がわきあがるのか。これがコリオリの力と関係がある。

南米沖では、この季節に北向きの風が吹く。すると、深いところから海水がわきあがってくるのだ。この現象の主役が、まえの章で説明した「エクマン輸送」だ。

エクマン輸送を、ちょっとおさらいしておこう。海上を風が吹くと、その風に引きずられた海面の水は風とおなじ向きに動くのではなく、コリオリの力のために風の進行方向に対して右に四五度ずれる。それより深い部分の海水が動く向きは、水深とともに右まわりに「らせん」を描くように変化していく。だが、海水が動く量を海面から深い部分まで足しあわせると、全体では風の向きに対して直角右向きに海水は移動することになる。これがエクマン輸送だった。

ただし、これは北半球の話。ペルー沖は南半球だから、コリオリの力が働く向きは、物体の進行方向に対して北半球とは逆の左向きになる。だから、いまの話で「右」と「左」がすべて逆になる。エクマン輸送も左右が逆。この海域では北向きの風が吹くのだから、海水の移動はその直角左向き、つまり西向きになる。

もし、この海域が大洋のまっただなかだったら、西に去った海水のぶんは、その東側からどん

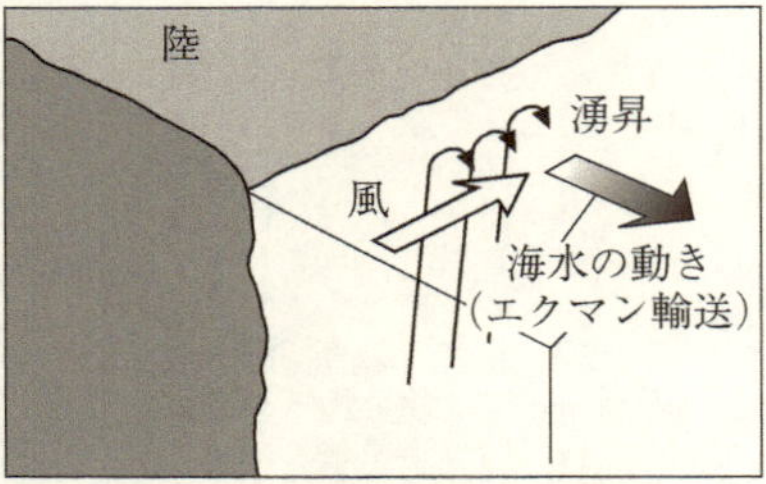

図４−１　沿岸湧昇

沿岸湧昇のおきる仕組み。これは北半球の場合で、南半球だと風に対して左右が逆になる。

どん補われるはずだ。ところが、ペルー沖の場合はそうはいかない。なにしろ、東側は岸なのだから。それで、海水は東側からではなく、海の深い部分から補給される。

　このように、海の深い部分の水が表層にわきあがってくる現象を「湧昇」という。とくに、ペルー沖のように、岸があることが原因となっておきる湧昇を「沿岸湧昇」とよんでいる（図４−１）。わざわざ沿岸湧昇という言葉を作るからには、沿岸湧昇でない湧昇があるのだろうと考えた人は、まさに正解。じつは「赤道湧昇」というものもあって、これが異常気象をもたらすエルニーニョ現象と関係が深いのだが、これはもう少しさきで説明しよう。

　さて、ペルー沖の湧昇の話だ。ペルー沖では冬場にこの湧昇がおき、わきあがった栄養豊富な海水を求めてアンチョビーがやってくる。赤道に近いペルーの海岸地域では日本のような四季ははっきりしないが、南半球の冬場にあたる毎年八月から九月にかけての時期に、この湧昇で海面水温はもっともさがる。

　ところが、この湧昇は、年が暮れるころになると、そろそろおしまいになる。これまでは湧昇のために冷たい海域になっていたが、それが弱くなってしだいに水温があがってくる。暖水系の魚も姿をみせるようになる。

年の暮れといえば、イエス・キリストが誕生したクリスマス。ここで「神の子イエス・キリスト」を意味する「エルニーニョ」がでてくるわけだ。クリスマスのころになると、海が温かくなってアンチョビー漁も休み。それで、海が温かくなるこの現象を、地元の漁師さんたちはエルニーニョとよんだのだ。

このエルニーニョは、ふつうは夏もおわる翌年の三月ごろになると解消して、またもとの好漁場がもどってくる。ところが、何年かに一度、このころになっても湧昇が復活せずに海面が温かいままになり、漁が再開できなくなってしまうことがあった。

エルニーニョは、二〇世紀の前半までは、このようなペルー沖の特殊な現象だと思われていた。ところが、近年になって海洋観測が充実してくると、様相が変わってきた。夏がおわっても、湧昇が弱くて海面水温が例年どおりにはさがらなくなるこの困ったエルニーニョは、じつはペルー沖に限定されたものではなく、太平洋の赤道海域にも広がる地球規模の現象であることがわかってきたのだ。

こちらの地球規模の海面水温異常のほうを、ペルー沖のいつものエルニーニョと区別して「エルニーニョ現象」とよぶ研究者もいる。この本では、簡単のために、これもエルニーニョということにしよう。

赤道でも

さて、これからは、地球規模のほうのエルニーニョの話だ。

エルニーニョは、東太平洋の赤道沿いの海面水温が、例年にくらべて数度ぐらい高くなる現象のことだ。日本の気象庁では、エルニーニョがおきると海面水温がきまって高くなる場所を「エルニーニョ監視海域」と定めている。緯度、経度でいうと、北緯四度から南緯四度、西経が一五〇度から九〇度までの赤道に沿った帯状の海域。この海域の海面水温を平均し、その値が平年にくらべて〇・五度以上高くなった月が六か月以上つづくと、エルニーニョが発生していると判断する。

平年の水温を上まわったり下まわったり短期で変動するのではなく、半年ぐらいは水温のかなり高い状態が維持されるのがエルニーニョなのだ。この「〇・五度」という値は小さいと感じるかもしれないが、あくまでもこれは監視海域の平均水温で、変化の大きい海域では三度も四度も平年を上まわることもある。

「それにしても、たったの四度か」と思う人は、水の比熱を思い出してほしい。水の比熱はきわめて大きい。つまり、温まったらなかなか冷めないので、この三度、四度の温度上昇が大気に与える影響は相当なものだ。海の熱が大気を温めても、海の側にはまだまだ熱が残っている。余力は十分。だから、海がもつ熱は異常気象の元凶にもなれる。

これまでに、「例年にくらべて」という言葉をなんども使った。例年にくらべて水温の高い現象がエルニーニョ。だから話の順序として、まず、太平洋の赤道沿いの海域が、例年のふつうの状態ではどうなっているのかをみておこう。

太平洋の赤道上空では、だいたい年間を通じて東から西に向かう貿易風が吹いている。「海面を風が吹く」といえば、すぐにエクマン輸送を考えるようになってもらえただろうか。赤道のあたりを西向きの風が吹いたら、このエクマン輸送でなにがおきるだろう。

エクマン輸送で運ばれる水は、風の向きに対して北半球では右向き、南半球では左向きだ。赤道は、北半球と南半球の境目。だから、エクマン輸送の向きが逆転するラインでもある。これが、赤道海域がもっている、ほかの海域にはない特徴だ。

赤道付近の海面が西向きの風に引きずられると、赤道のやや北側の部分の海水は、北半球だから北向きにエクマン輸送が生じ、赤道の南側のエクマン輸送は南向きになる。風がおなじ西向きに吹いていても、赤道を境にコリオリの力の向きが変わるから、北側の水と南側の水は反対方向に移動するのだ。

北側の水も南側の水も、いずれも赤道から遠ざかる方向に動くので、赤道の海面付近では水が

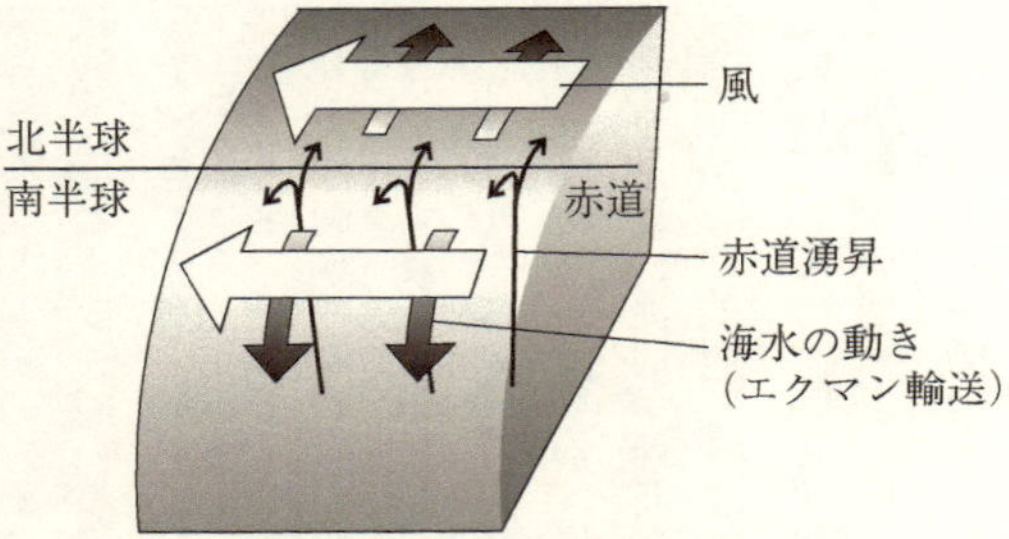

図4－2　赤道湧昇

足りなくなる。それを補うために、深いところから冷たい海水がわきあがってくる。これが、さきほどでてきた「赤道湧昇」だ（図4―2）。

ペルー沖で沿岸湧昇がおきるためには岸が必要だったが、赤道湧昇の場合は、岸はいらない。赤道上を西向きに風が通りすぎるだけで、湧昇がおきる。

ちょっと考えると、赤道というのはいかにも暑そうだから、海面水温も赤道直下でもっとも高くなっているような気がする。だが、この湧昇のために、そうはならない。実際に観測された太平洋の海面水温をみると、北極や南極に近い高緯度から赤道に近づくにしたがって、たしかに水温はあがってくるのだが、赤道の近くでは様子が変わる（図4―3）。

とくに太平洋の東半分では、北緯一〇度、南緯一〇度ぐらいよりも赤道に近づくと、逆に海面水温はさがるのだ。これが赤道湧昇の影響だ。

さて、赤道上を西向きに風が吹けば赤道湧昇がおきて、深部の冷たい水が海面まで上昇することがわかった。それならば、もしこの風が弱まれば湧昇も弱まって、いつもほどには冷たい水が

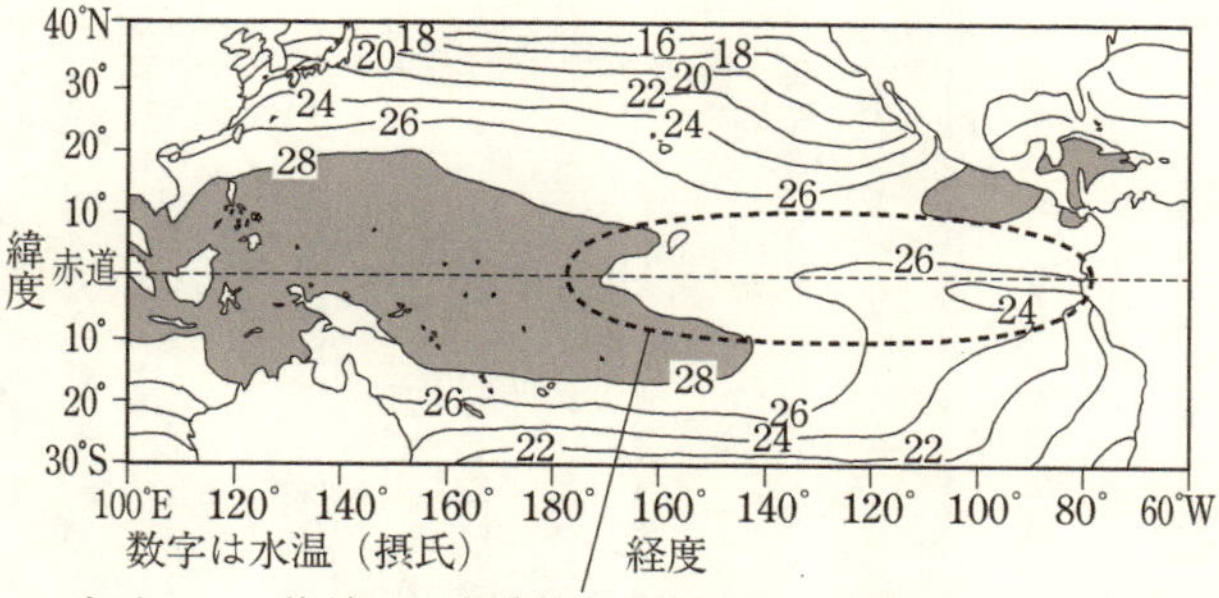

とくにこの海域で、赤道付近の水温がその南北より低い。

図4－3　太平洋の海面水温（年平均）

海面にあがってこない。つまり、海面水温がいつもにくらべてあがる……。

まさにそのとおりで、これがエルニーニョなのだ。赤道沿いの海域は、ふだんから湧昇がおきている特別な場所だからこそ、それが弱まることでエルニーニョが発生する。エルニーニョというと、なにか特別なものが突然どこかから現れたような気がするが、そうではなくて、いつもの状態からのちょっとしたずれが、エルニーニョの正体なのだ。

海水の二層構造

この赤道沿いの海域は、海水の温度に着目するとどのような姿になっているのか、もう少し詳しく説明しよう。

赤道沿いにかぎらず、海の水温は、海面付近がもっとも高く、深くなるにしたがって低くなるのがふつうだ。海面水温は、日射の強い熱帯だと二五度ぐらいに、中緯度だと一五度ぐらいになっている海域が多い。中緯度海域の海面温度は、夏に高く冬に低くなるような季節変化もする。

水温は深くなるとさがっていって、およそ二〇〇〇メートルより深くなると、四度から二度ぐらいであまり変化しなくなる。高緯度の海域では、深海から海面までこれくらいの冷たい水になっている場合もある。

ここで面白いのは、中緯度にしろ低緯度にしろ、深さとともに水温がさがる場合、海面から深海までおなじペースで水温が低下していくのではない点だ。海水温は、海面からある程度の深さまでは、ほんの少しずつしかさがらないのだが、ある深さになると急激に低下する。そこを過ぎると、また、きわめて徐々に冷たくなる。

つまり、ちょっと極端な見方をすると、海というのは、冷たい水の上に温かい水がのっている二層構造になっているといえる。

海洋学では、温かい水を「暖水」、冷たい水を「冷水」という。温かい水は、日常の言葉では「温水」というのがふつうだが、海洋学では暖水というのが慣例なのだ。海の水が温かいのは、もとはといえば太陽の日射で熱せられたためなので、「日光であたためる」という意味の「暖」の字を使うのも、まあ悪くないのかもしれない。

そして、上側の暖水と下側の冷水のあいだにある急激に温度が低下する部分を、海洋学の言葉では「躍層」という。飛躍的に水温が変わってしまう薄い水の層という意味だ。二層構造の見方でいうと、温かい上層と冷たい下層との境目が、この躍層ということになる。

太平洋の赤道沿いの海域は、この躍層に注目すると、とても風変わりな構造をしている。いま、赤道に沿って包丁を入れて、地球をまっぷたつにしたと考えてみよう。そして、北半分の地球の断面の、太平洋の部分がどうなっているかをながめてみる。つまり、赤道直下の太平洋を縦に割って、南の側からみているわけだ。海は海面から海底までみえている。このとき、二層構造はどんな具合になっているのだろうか。

この二層構造を頭のなかで簡単にイメージするには、水の上に油が層になって浮いていると考えればよい。もちろん、上の油が暖水層で、下の水が冷水層に相当する。サラダにかけるドレッシングには、よく振らないと、このように二層にわかれているものがある。

もし、このドレッシングの二層が重力以外になんの力もうけずに静止していれば、実際の海では躍層にあたる二層の境目は水平になったままだ。もちろん、この二層構造での海面、つまり油の層の上面も水平だ。これが安定した状態なのだ。

ところが、実際の赤道直下の海では、こうなっていない。上下の層の境目は、西にいくほど深くなっている。南米大陸に近い東では境目が浅く、インドネシアなどがある西側では深くなっているのだ（P152・図4-4）。

いいかえると、上側の油の層、実際の海でいうと暖水の層が、東よりも西で厚くなっている。

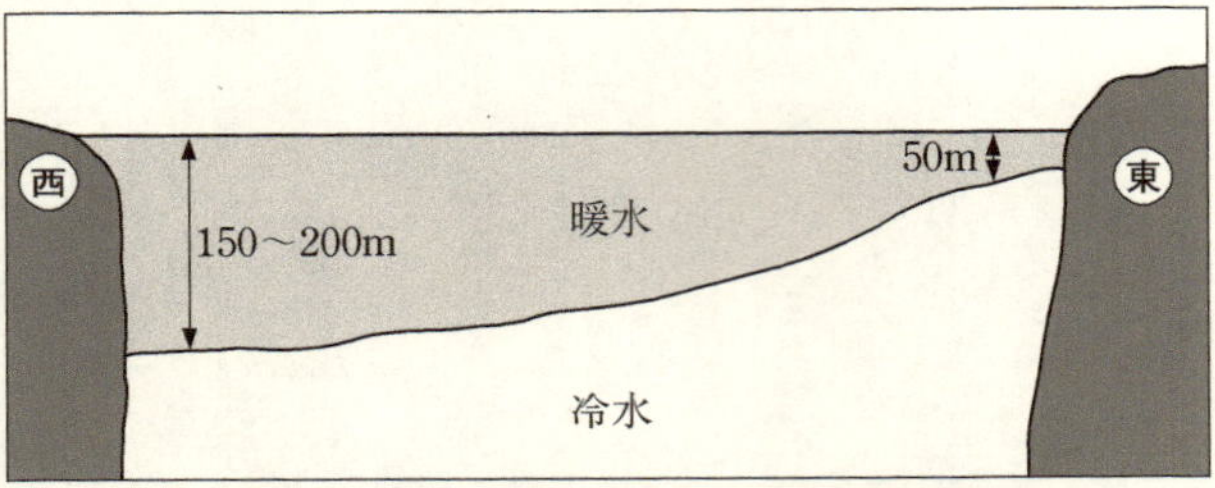

図4-4　太平洋の赤道付近における海の構造

観測によると、この暖水の層の厚さは、西の端では水深一五〇メートル以上あるが、東の端では五〇メートルぐらいに薄くなっている。

では、どうしてこのような状態が出現するのだろう。

赤道沿いは「西高東低」

赤道の上空では、いつも西向きの風が吹いている。これを貿易風という。この風が海の表面近くの暖水を西側に吹きよせてしまう効果を発揮している。太平洋の赤道沿いでは、西にいくほど深くなる暖水のプールができているようなものだ。

この西側海域でも赤道湧昇はおきるのだが、なにしろかなり深い部分まで暖水のプールになっているので、湧昇してくる水もかなり温かい。したがって、東側のように、湧昇のために赤道上の海面水温がその南北よりも大幅に低くなるという現象はおきない。

このような事情で、太平洋の赤道域の海面水温は、西側が高く、東側が低い。同時に、海面に近い暖水の層は、西側で厚く、東側で薄くなっている。そのため赤道近くの西部太平洋は、世界的にみても海面水温のかなり高い海域で、二七度あるいは二八度にもなっている。台風のたまごである熱帯低気圧は、海面水温の高いところで水蒸気を得て誕生するから、この西部太平洋域はたくさんの熱帯低気圧の発生場所になっている。

さて、暖水の層が西側で厚く東側で薄いという、一見するとバランスの悪そうな海の構造が、太平洋赤道海域のノーマルな状態だ。この状態を赤道上空を吹く西向きの貿易風が支えている。この西向きの風が弱まり、微妙なバランスが崩れてしまったのがエルニーニョなのだ。

西側に暖水を吹きよせていたのがこの風だから、それが弱まれば、暖水は、まるで支えをはずされたように東のほうに流れだしてしまう。その結果、西側の暖水層は通常にくらべて薄くなり、下の冷水層は海面に近づく。そして、西側から暖水が流れこんできたぶん、東側の暖水層は厚くなる。そこでは冷水層は海面から遠ざかる。海面温度の表現でいいなおすと、暖水層が薄くなった西側の海面水温はふだんにくらべてさがり、逆に東側の水温はあがる。

西向きの風が弱まることで引きおこされる異変は、暖水の移動だけではない。冷たい水が深いところからわきあがる赤道湧昇は、この西向きの風が原因で発生していたのだから、この風が弱くなれば、赤道湧昇も弱まる。つまり冷水の上昇が抑えられ、海面水温はいっそう高めになる。こうして現れる水温異常がエルニーニョだ。

赤道沿いの海面水温は西で高く東で低い、いわば「西高東低」がノーマルな状態だが、この

「西高東低」の差が弱まってしまった状態がエルニーニョということになる。

女の子もいる

では、逆にこの「西高東低」のコントラストが強まることはないのか。

じつは、この現象もしばしば発生していて、「ラニーニャ」とよばれている。エルニーニョはもともと「男の子」の意味だったが、このラニーニャは「女の子」。エルニーニョと反対の現象だからだ。西向きの風が強くなるために、ふだんでさえ厚い西側海域の暖水層がいっそう厚くなって海面水温があがり、逆に東側の暖水層はいっそう薄くなって、海面水温もふだんよりさがる。

エルニーニョとラニーニャとでは、まったくべつの異常現象が現れたような気がするが、これまで説明してきたように、じつはそうではない。微妙なバランスでなりたっているこの海域のノーマルな状態がシーソーのようにちょっとだけずれることで、エルニーニョになったりラニーニャになったりするのだということがわかってもらえただろう。

観測データの少なかった昔は、エルニーニョは不意に襲ってくる海面水温の異常だと思われていたが、いまでは、ほぼ周期的に発生することがわかっている。一九八〇年以降では、八二―八三年、八六―八七年、九一―九二年、九三年、九七―九八年、二〇〇二―〇三年にエルニーニョが発生した(図4-5)。

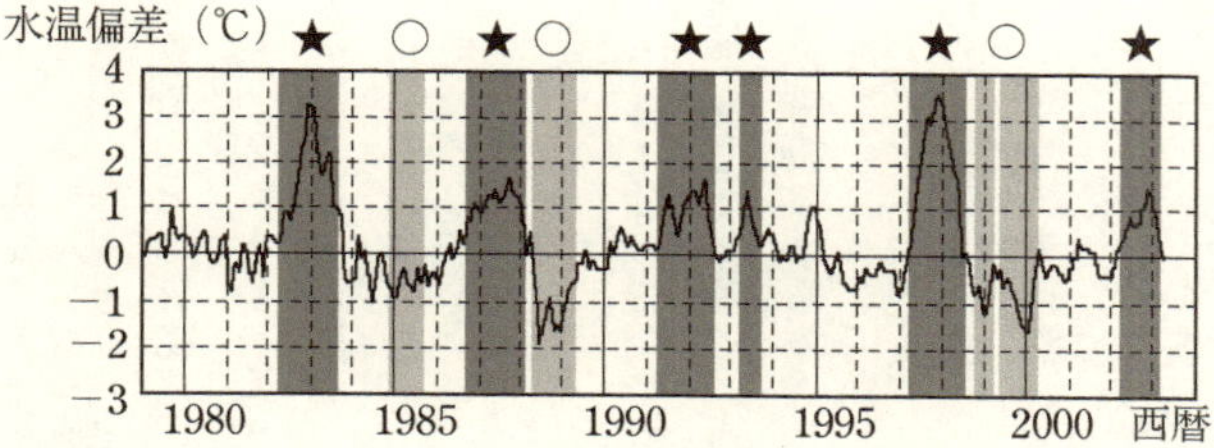

グラフの線はエルニーニョ監視海域の月平均水温偏差（摂氏）の推移。★印はエルニーニョ、○印はラニーニャが発生した時期を示す。

図４－５　エルニーニョとラニーニャの発生

これからもわかるように、何年もつづくエルニーニョというのはない。多少の違いはあるにせよ、だいたい一年ぐらいつづくと消滅する。

エルニーニョは発生するたびに違った顔をみせるので、一言ではいいにくいが、発生から消滅までの推移は、おおよそつぎのようになる。

まえに説明した気象庁のエルニーニョ監視海域で、ある年の四月か五月ごろから海面水温が徐々に平年を上回るようになる。そのピークは、だいたいその年の年末から年あけにかけて。そのあとは水温は低下していって、初夏には平年にもどる。

ときには、そのまま水温低下がつづいて、こんどは逆にラニーニャになるケースもある。

さきほどのエルニーニョの説明のところで、西向きの風が弱まって、西に寄っていた暖水のかたまりが東に移動するとエルニーニョになるという話をした。コンピューター・シミュレーションなどを使った研究からも、これは確かなことのようだが、実際に観測でとらえてエルニーニョの発生予測につなげるのは、なかなか難しい。

観測でとらえることがそもそも難しいし、とらえられたとしても、それが確実にエルニーニョにつながるというものでもないらしい。過去にも、西寄りの海域で、暖水と冷水の境目が東に進んでいく様子が観測にかかったことはあるのだが、そのときはエルニーニョの発生にいたらずにおわってしまった。

エルニーニョの発生予測が難しいのは、エルニーニョがたんに海だけの現象ではないことにも原因がある。

これまでの説明でもわかったと思うけれど、エルニーニョの発生は赤道上の西向きの風と密接に関係している。エルニーニョというのは直接には海水温の異常なのだが、その実態は海と大気とが密接にからみあった複雑なシステムだ。

リンクする海と風

太平洋の赤道沿いの水温は、ふだんから西側で高く東側で低い「西高東低」だと説明した。とすると、海上の大気は西側のほうが余計に温められ、軽くなって上昇する。それが上空では東に流れ、東太平洋で下降気流となっておりてくる。それが海上を西向きに流れて、西太平洋でふたたび上昇気流となる。

これだと、海の水温が「原因」で、その「結果」として大気の循環ができたという説明になっている。

ところが、この「原因」と「結果」を入れ替えることもできる。風を「原因」に、海を「結果」にして現象を説明するわけだ。

つまり、海上を西向きに吹く貿易風が「原因」になって、その「結果」として、海面水温の西高東低が維持される。貿易風の強さの変化が「原因」で、海面水温もふだんと違ってくるという「結果」がうまれる。エルニーニョの最初の説明は、こちらのほうだった。

このように、エルニーニョやラニーニャは、海と大気が、お互いの変化の原因にもなり結果にもなるという複雑なからみあいでうまれる現象だといえる。単純に、こちらが原因であちらが結果という具合に割り切ることができない。ここにエルニーニョの複雑さの本質がある。

表裏一体

エルニーニョは、ほぼ四年おきにおきる現象だ。エルニーニョとエルニーニョとのあいだにラニーニャがはさまることもある。この周期性に注目した研究が、一九九〇年ごろからずいぶん進んだ。海と大気の動きや温度変化を、お互いが与えあう影響も含めて同時にコンピューターでシミュレーションし、エルニーニョによく似た現象を再現することもできるようになった。

このような研究でわかってきたのは、エルニーニョやラニーニャの発生には、赤道海域を東西に行き来する特殊な波が関係しているらしいことだ。水槽に水と油をいれるとその境界面が波打つように、赤道海域でも上側の暖水と下側の冷水との境界を伝わる波があるのだ。

この境界面が波打って伝われば、暖水層の厚さも変わり、海面の水温も変化する。波が太平洋の西の端から東に伝わってエルニーニョを発生させる。このエルニーニョが南米大陸近くで作りだした境界面の乱れが波として西に進み、それが西の端で反射して東にいくと今度はラニーニャ。そのラニーニャによる乱れが西にいき、もういちど西の端で反射してもどってくるとエルニーニョになる。この繰りかえしの一サイクルが約四年というわけだ。

この周期的な現象は、海と大気との相互の影響を取りいれたシミュレーションではじめて再現できるものだ。理論的にはかなり細かなことまでわかってきているのだが、実際の海では、エルニーニョの兆候がみえても、シミュレーションのように素直にはエルニーニョになってくれないことが珍しくない。自然の複雑さを示す好例ともいえるだろう。

新聞報道におけるエルニーニョ

このエルニーニョという言葉が新聞やテレビなどでもおなじみになったのは、そう昔のことではない。一九八〇年ごろまでは、海洋学や気象学の研究者が使う専門用語という感じで、新聞記事でも、まだエルニーニョという言葉はあまり登場していなかった。

たとえば、一九七三年二月二日付の読売新聞夕刊に、「海流異変」によりペルーのアンチョビーがとれなくなっているという記事がでている。当時、大豆の価格が高騰し、それを原料とする豆腐の値段も大幅にあがって騒ぎになっていた。これをとらえた三回の連載記事「大豆が消えた」の二回目に、世界的な大豆不足の原因として「海流異変」がでてくる。

肥料の魚粉となるアンチョビーの漁獲が「海流異変」のために激減し、代わりに米国産の大豆を輸入して肥料にあてたため、もとからの不作の影響もあって大豆の価格が高騰しているというのだ。

新聞は見出しになるようなキーワードを大切にするから、いまだったら、「海流異変」などといわずに、エルニーニョという言葉が記事で使われるはずだ。当時はまだ、エルニーニョが社会的に認知されていなかったということの、なによりの証拠だろう。

気象学や海洋学の世界でエルニーニョの研究が本格化したのは、この記事で紹介された一九七二年から七三年にかけてのエルニーニョがきっかけだった。このエルニーニョで、いまも述べたように天候不順の米国では大豆が不作となり、当時のソ連でもトウモロコシが大凶作になったと伝えられた。そのころのエルニーニョ研究の中心は米国で、まだ気象学と海洋学とが別々に、それぞれ大気の現象、海の現象としてとらえていたという感じだった。

日本での研究がはじまったのは、それから一〇年遅れた一九八二年から八三年にかけてのエルニーニョから。この冬は暖冬となり、八二年七月二三日には集中豪雨が長崎を襲って約三〇〇人の死者行方不明者をだした。これらも、エルニーニョとの関係が指摘された。

さらに、一九九二年にブラジルのリオデジャネイロで国連環境開発会議（地球サミット）が開かれたころから地球環境問題への社会の関心が高まり、地球規模で異常な天候をもたらす原因としてのエルニーニョも、地球温暖化の話題とならんで頻繁に新聞やテレビに登場するようになった。そして、九七年から九八年にかけてのエルニーニョを機に、かつて専門用語だった「エルニーニョ」は、すっかり一般用語として定着したようだ。

このように、エルニーニョがニュースにでてくるときは、それにともなう天候の異変とともに語られることが多い。エルニーニョといっても、いつもまったくおなじものが現れるわけではないし、しかも、天候への影響となると、エルニーニョとは直接の関係がないべつの大気現象も関係するから、エルニーニョが発生すれば確実におきる特定の異常気象というものはない。

しかし、過去に何回もおきたエルニーニョとそのときの異常な天候とを調べてみると、どうも関係がありそうだというものも、ずいぶんある。

ちょっと寄り道になるが、ここで「異常気象」という言葉を説明しておこう。気象学でいう専門用語としての「異常気象」は、天候が平均的な状態から大きくはずれたときに使う。ここでいう「平均的」というのは、過去三〇年間の平均のこと。本来は、三〇年に一度ぐらいしかおきないような、きわめてまれな現象を異常気象という。

実際には、これほどでなくても、日照りや少雨がつづいて農作物に大被害がでたり、降りつづく大雨で人的な被害が発生したときなどにも、その原因となった天候を異常気象とよぶ。新聞やテレビでは、「今年の夏はやけに暑い」という程度の軽い意味でも異常気象という言葉が使われることが多い。

4-2　エルニーニョがおよぼす影響

もたらされた異常気象

さて、その異常気象をもたらすとされるエルニーニョだが、日本の天候に与える影響にはどのようなものがあるのだろうか。

まずひとつは、冷夏。エルニーニョが発生している期間中の夏は、気温が平年より低くなる地域が、西日本を中心に全国で半分くらいにのぼる。これに平年なみの地域をあわせると七割から八割くらいになる。

もうひとつは暖冬。冷夏ほどのはっきりした傾向はないが、エルニーニョの期間中はどちらかというと平年よりも気温は高くなりがちだ。

梅雨あけは遅れる。エルニーニョの期間中は、梅雨あけが遅れ、しかも冷夏になりやすいというのだから、ようするにパッとしない夏になるということだ。

世界的にはどうだろう。

エルニーニョは太平洋赤道域の西部にあるインドネシアなどに少雨をおこす。二〇世紀で最大級といわれた一九九七年から九八年にかけてのエルニーニョでは、雨季になってもなかなか雨が降らなかったため、インドネシアのカリマンタン州などではそれが原因とみられる大規模な山火事も発生した。

九七年の一〇月から翌年の二月にかけて、東アフリカは大雨に見舞われた。これもエルニーニョとの関係が疑われている。ケニアでは洪水で幹線道路が使えなくなってしまった。この東アフリカ地域は、エルニーニョが発生すると雨が異常に多くなりやすいところだ。このエルニーニョは東ヨーロッパにもたくさんの雨をもたらした。

気温の面では、カナダ西部からアラスカにかけての地域は暖冬になり、米国の南東部は逆に寒い冬になることが多い。このほかに、気温が高くなる地域は南米の東部と西部、北部、それに南アジア一帯などで、世界的には高温傾向が強まる。降水量は全体的に少なめになる。

異常気象を引きおこす理由

では、エルニーニョが、どのようなメカニズムでこのような異常気象をもたらすのだろうか。まず、海面温度と大気の動きとの関係を考えよう。

海面水温が高い海域では、海がその上の大気をどんどん温める。水の比熱は空気よりも格段に大きいから、ちょっとやそっと熱が海から大気に移動しても、海はまだまだ熱をもっている。海は大気を温めると同時に、多量の水蒸気を大気に供給する。水温が高い海域の上の大気は、温かくて湿った状態になっているわけだ。

空気は温まると軽くなる。これは、冬に部屋で暖房をつけておくと、足元は冷たいのに天井近くの空気が温まっていることからもわかる。温められた空気が軽くなって天井の近くにたまっているのだ。

赤道近くの熱帯の大気でもおなじこと。海面の高水温で温められた空気は上昇する。上昇すると、冷えて水蒸気が雲になる。そして、この雲から雨が降る。つまり、高温海域の近辺では、雨が降りやすいのだ。

こうして温まって上昇した空気は海面水温の低いところで下降する。太平洋の赤道沿いでいうと、ふつうは西部の海水温が高く、東部は低いので、上昇気流は西部にあるインドネシアやフィリピンなどのあたりでおきる。だから、このあたりでは雨も多く、高温多湿になる。そして、上昇した気流は上空で東に進んで、東部で下降してくる。

これが太平洋赤道域での大気循環の標準パターンなのだが、エルニーニョが発生すると、様相ががらりと変わる。もともとは西部にあったはずの海面水温の高い海域が、ずっと東のほうまで伸びてくる。こうなると、海面水温が西で高く東で低いという標準型が崩れてしまって、大気が上昇する場所も動いてしまう。

エルニーニョのときによく現れるのは、上昇気流の場所が太平洋の東半分までずれてしまうパターンだ。ここで上昇した気流は、上空で向きを西に変えて太平洋をわたり、西の端でおりてくる。こうなると、本来は上昇気流が発生しやすく、雨も多いはずのインドネシアなどが、こんどは下降気流の場所になって雲ができにくくなる。だから、エルニーニョが発生すると、インドネシアなどは高温で少雨になりやすいのだ。

でも、この説明だけだと、ちょっと不思議な感じが残らないだろうか。エルニーニョは赤道沿いでおきる現象だから、そこに近いインドネシアなどが影響をうけやすいというのはわかる。だが、どうして日本や米国などの遠いところにまで、エルニーニョの影響がおよぶのだろうか。

地球上では、遠く離れたふたつの場所の天候が密接に関係していることがある。この現象を、気象の言葉では「テレコネクション」という。「テレ」というのは離れていることを表す接頭語。たとえばテレフォンというのは、遠く離れた場所を「フォーン」、つまり音でつなぐ電話のことだ。「コネクション」というのは「結びつき」。だから、テレコネクションは、遠く離れているため関係などなさそうなのだけれど、統計をとってみると、ふたつの場所の天候に深い関係があるという現象なのだ。

そのさい、ある場所が暑いときにもうひとつの場所が暑いという具合に、まったくおなじような天候になる必要はない。あるところが暑いときにべつの場所の気温が低めになったり、あるいは降水量との関係でもよい。とにかく、なんでもよいから、ある場所がある天候になったときに、もうひとつの場所で特定の天候が頻繁にみられるという関係がテレコネクションだ。

PNAパターン

このテレコネクションの代表的な例が、エルニーニョに関係して出現する「PNAパターン」とよばれる大規模な高気圧と低気圧の列だ（P166・図4-6）。日本語では「太平洋−北米パターン」。英語表記のPacific–North American patternの頭文字をとるとPNAパターンとなる。

エルニーニョが発生すると、海面水温の高い暖水域がふつうより東側にずれ、東経一八〇度、もちろんこれは西経一八〇度でもあるのだけれど、この経度を越えて西経一六〇度のあたりまで、

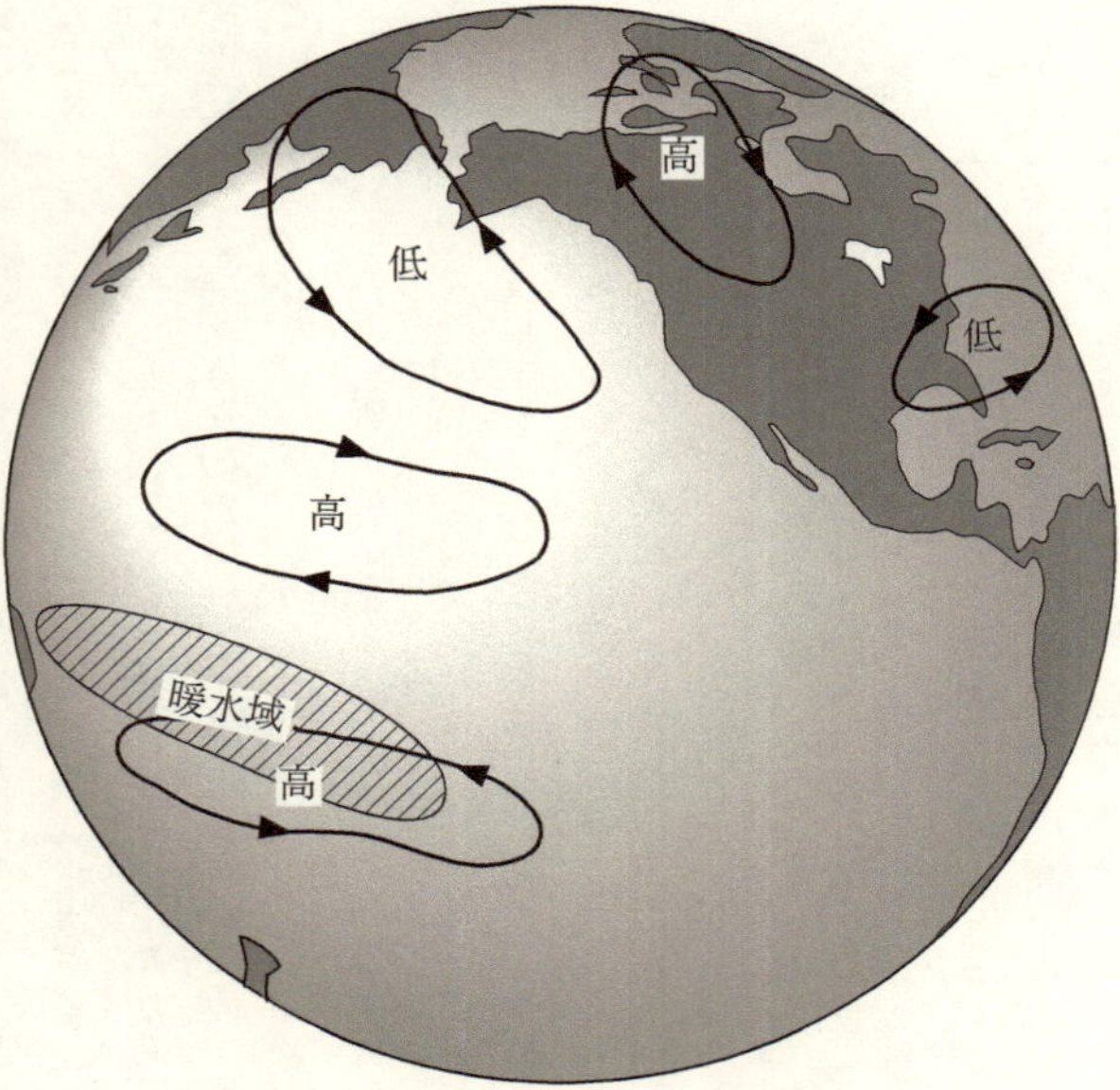

図4-6　PNAパターンの模式図（エルニーニョのとき）

海面水温がかなり高くなる。

このような海面の状態のときに、大気のほうを調べてみると、この北側の亜熱帯の海の上に高気圧、その北側の中緯度から高緯度にかけては逆に低気圧、その東側にあたるカナダの上空に高気圧、その東南の米国東海岸に低気圧という具合に、大規模な高気圧、低気圧がならんだ弓なりの列が出現するのだ。これがＰＮＡパターンだ。

もちろん、日々の天候は、上空を数日で通りすぎるもっと小さな高気圧や低気圧の影響のほうを強くうけるから、その場所の天気が

PNAパターンだけで決まるわけではないが、そのような日々の高気圧や低気圧にこだわらずに上空の大気の状態をおおづかみにみれば、このようなパターンが際だつということだ。

この結果、米国の西海岸ではふだんよりも南の風が多く吹くようになり、暖冬の傾向になる。なぜなら、カナダの上空に高気圧が出現しているので、風はその高気圧のまわりを時計まわりに循環する。これは、コリオリの力のところで説明した。この時計まわりの循環は、米国の西海岸では南からの風になる。

逆に、米国の中央部では、このカナダ上空の高気圧と東海岸の低気圧にはさまれて北からの風が吹くので、厳しい冬になることが多い。これは、日本の冬に典型的な「西高東低」で北風が吹くのとおなじだ。日本の西側に高気圧があって風がそのまわりを時計まわりに吹き、東側の低気圧のまわりを反時計まわりに吹けば、日本付近ではいずれも北から南に吹く冷たい北風になる。

となると、つぎは、なぜ、このような大規模な高気圧と低気圧の列ができるのか、という疑問がうまれる。気象学者たちも、当然ながらこの謎を解明しようとしている。だが、残念ながら、まだよくわかっていない。

気圧の高い部分と低い部分が交互に現れてならぶのだから、まるで、水面の高低がならぶ「波」のようにもみえる。それで、地球規模の大気や海洋に特有の「ロスビー波《は》」という特殊な波が原因だろうとも思われているのだが、それだけではうまく説明できないのだ。

ちなみに、このロスビー波は、どうして大洋の西の端にだけ強い海流ができるのかを説明するかぎになる重要な波なのだけれど、いまの段階ではまだ準備不足で説明できない。章をあらためて考えていこう。

ＰＪパターン

さて、このテレコネクションには、ＰＮＡパターン以外にもよく知られたものがある。そのひとつが、日本の夏の天候に関係が深い「ＰＪパターン」だ。Ｐは太平洋のPacific、ＪはJapanの頭文字をとったもので、西太平洋赤道域の海水温と日本の天候を結びつけるテレコネクションだ。

エルニーニョが発生しているときは、さきほども説明したように、暖水域が東に広がる。暖水域の上の大気は上昇するので、大気の上昇場所も東にずれる。西側のインドネシアなどではその大気が下降してきて、雲の少ない高気圧の領域になる。このさきは、ＰＮＡパターンの話とおなじだ。この大規模高気圧の北側には、平年より気圧の低い低気圧の領域が広がることになる。これが、ちょうど日本の上空にあたる。

日本の暑い夏は、太平洋から西に張りだしてくる大きな太平洋高気圧に日本全体がおおわれることでやってくるのだが、エルニーニョが発生していると、ＰＪパターンにともなって発生している低気圧のために、日本の上空で夏の太平洋高気圧が弱められてしまう。その結果、ふだんの

図4-7　PJパターンの模式図（ラニーニャのとき）

夏よりも気温の低い冷夏になる。

ラニーニャのときはその逆（図4-7）。水温の高いインドネシアのあたりでふだんからおきている上昇気流が例年よりも活発になり、その海域は雲のできやすい低気圧になる。そして、この低気圧の北側にならぶ高気圧部が日本にかかる。これが太平洋高気圧を強める働きをして、酷暑の夏がやってくるのだ。

エルニーニョと日本の暖冬との関係については、冷夏との関係ほどには因果がよくわかっていない。

注意しなければいけないのは、

ＰＮＡパターンにしてもＰＪパターンにしても、過去の気象データをもとに統計をとってみると、このパターンが現れやすいというだけの話で、エルニーニョが出現すると日本の夏は必ず冷夏になると決まっているわけではない。

日本の夏の天候にしても、そのおおもとを決める太平洋高気圧の強さが年によって違うし、そのほか上空の大気の流れなどさまざまな要因が関係してくる。エルニーニョやラニーニャが世界中の天候に異変をもたらすのはたしかなようだが、それであらゆる異常気象の説明がつくというわけではないということだ。

新聞などでも、なにか異常な天候がおとずれると、その原因をすぐに地球温暖化やエルニーニョに結びつけるような記事がでるが、これはあまり科学的とはいえない。

ラニーニャは台風がお好き

さて、エルニーニョの話をおわりにするまえに、日本にも毎年のように大きな被害をもたらす台風とエルニーニョとの関係について触れておこう。

台風というのは、熱帯でうまれた低気圧が成長して強くなったものだ。台風のたまごであるこの熱帯低気圧が多くうまれるのは、海面水温がだいたい二六度から二七度ぐらいを超えている西太平洋の海域だ。ここでは大気が海からたくさんの熱と水蒸気をもらって上昇し、大規模な積乱雲ができやすい。この積乱雲、つまり入道雲がいくつか集まってゆるやかに回転しはじめたものが台風のたまごだ。

これがしだいに発達して立派な低気圧になり、最大風速が毎秒一七メートルに達すると、熱帯低気圧から「台風」に呼び方が変わるのだ。ただし、この毎秒一七メートルになる場所が問題。北太平洋で、しかも東経一〇〇度から一八〇度までの範囲でこの強さにならなければ、「台風」とは認定されない。西太平洋でうまれても、それが迷走して東経一八〇度よりも東側、つまり米国に近い側で強くなった熱帯低気圧は「ハリケーン」と呼ばれる。うまれがおなじでも、育った場所によって呼び方が違うのだ。

ちなみに、台風のたまごは、赤道直下ではほとんどうまれない。うまれるのはそのやや北側か南側だ。東太平洋の赤道沿いでは、赤道湧昇のために、赤道直下の海面水温は、その北側や南側よりも低めになるが、熱帯低気圧がうまれる西太平洋では、おおむね赤道直下で海面水温が高い。それならば、どうして赤道直下で熱帯低気圧は発生しにくいのか。

その答えは、コリオリの力だ。コリオリの力のところで説明したが、大気が高気圧や低気圧となって渦を巻くときには、コリオリの力が必要だ。高気圧が気圧の高い中心部から縁に向けて大気を押しやろうとする力、低気圧だったら中心に向けて流れこむ気圧の力とコリオリの力とがバランスしているから、大気は渦を巻きながら安定していられるのだった。もし、コリオリの力がなかったら、気圧の高いところから低いところに大気が流れて、渦は解消されてしまう。

コリオリの力を説明したとき、回転する台にのったと仮定して話を進めた。回転台の中心に立っていれば、台が一回転すると、自分も台と一緒に一回転する。

立っているのが中心でなくても、台が一回転すれば、自分もやはり一回転する。たとえば回転台が反時計まわりに回っていれば、あるとき北を向いて立っている人は、しだいに西向きになり、南、東を向いて、また北向きにもどる。回転台の上のどこにのっていようと、台が一回転したときは自分自身も一回転するのだ。

本物の地球に立っている人は、この回転台のたとえどおり、地球とともに自分自身もコマのようにぐるぐると回る。ところが、赤道直下に立っている人は違う。足を地球の中心方向、頭を地球の外側に向けて振りまわされるように回るだけで、自分の体の軸のまわりにコマのようには回転しない（図4-8）。

コリオリの力が発生するのは、回転台でコマのように回っているとき。だから、赤道直下ではコリオリの力は発生しないのだ。

したがって、赤道直下では、さかんに海が大気に熱と水蒸気を供給しても、コリオリの力が働かないために、できた積乱雲が回転して低気圧になれない。海面水温がそこそこ高く、しかもコリオリの力が働くところ、という妥協点をとって、台風のたまごは北緯一五度近辺で発生するこ

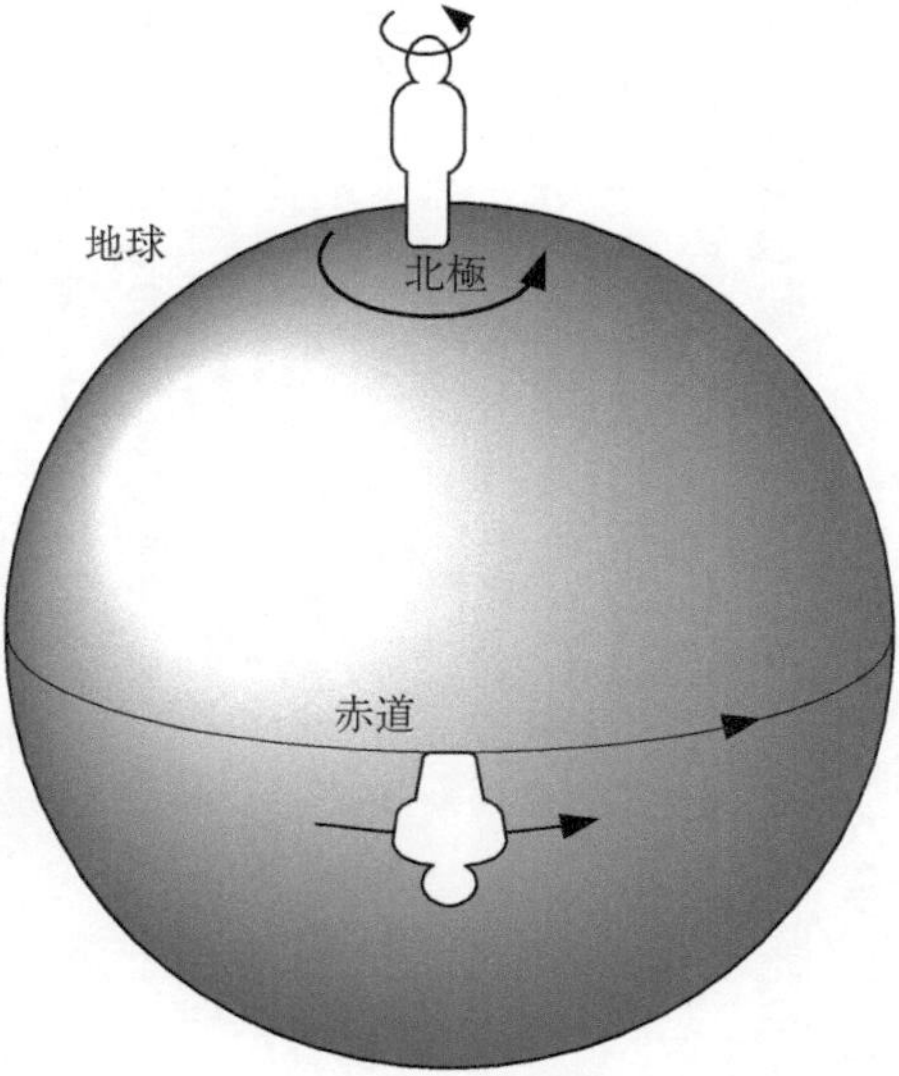

図４－８　北極の人と赤道の人

北極に立っている人は地球とともに自転するが、赤道に立っている人は振りまわされているだけで、コマのようには回転しない。

とが多い。

すっかり台風の話になってしまったが、いま話そうとしていたのは、台風とエルニーニョとの関係だった。

熱帯低気圧の発生には、二六度から二七度という高い海面水温が必要だった。海面水温といえばエルニーニョ。この両者はきっと関係が深いだろうことは、簡単に想像できる。

ただ、エルニーニョはそんなに頻繁に現れるわけではないし、エルニーニョのときの台風にどんな特徴があるのかを調べようとしても、荒れ狂う台風のなかに観測飛行機を飛ばすことなど、危なくて、そうできることではない。

こんなときに役だつのが、コンピューターによるシミュレーションだ。日本の防災科学技術研究所のシミュレーションによると、エルニーニョのときは台風の発生が少なく、反対に、ラニーニャのときは多くなる傾向が確かめられた。ラニーニャのときは、西太平洋の海面水温がふだんより高くなるので、そのぶん台風は発生しやすいらしい。エルニーニョのときは、その逆で発生しにくくなる。

ただ、日本にやってくる台風が増えるか減るかは、またべつの話。台風が流される上空の大規模な風がどのように吹いているかで、台風の進路はまったく変わってくるからだ。

コリオリの力が変化する

さあ、少しおさらいしてエルニーニョの話をおわりにしよう。

回転している地球の上を流れる海の水には、コリオリの力が働く。だから、海上の風に引きずられて海水が動く場合、その運ばれる向きは北半球では風の向きの直角右向きに、南半球では直角左向きになる「エクマン輸送」という不思議な現象が生じるというのが、話の出発点だった。

これによって、南米のペルー沖では「沿岸湧昇」が生じ、赤道沿いでは東太平洋を中心に「赤道湧昇」がうまれるのだった。この赤道湧昇をもたらす西向きの風の強さと、それにともなう赤道湧昇の強さがふだんと変わると、エルニーニョやラニーニャが発生する。

そして、エルニーニョやラニーニャが発生すると、大気が海から熱と水蒸気を得て上昇気流となる場所がふだんと変わるので、それが大規模な低気圧と高気圧のならびとなって、遠く離れた地球上の各地に異常な天候をもたらす。これがテレコネクションだ。

そして、最後は台風の話。台風の発生数はエルニーニョやラニーニャによって変わるらしい。エルニーニョだと少なく、ラニーニャだと多めに。

そして、台風の説明のところでは、赤道上ではコリオリの力が働かないという話をした。おなじ地球上でも、コリオリの力が働くところと働かないところがあるのだ。

平面の回転台だったら、どこに立とうとコリオリの力は働く。だが、地球だと、赤道上ではコリオリの力は働かない。どこに違いがあるのだろう。

きっと、もうあきらかだと思う。回転台は平面で、地球は球形。この点が違う。地球は球形であるために、地球の回転でもっとも効果的にコリオリの力が発生するのは南極と北極。緯度がさがるにつれてコリオリの力は減ってきて、赤道でゼロになるのだ。つぎの章では、このあたりを、もっと詳しく説明していこう。

コリオリの力がこのように緯度によって変化するという性質が、なぜ大洋の西の端にだけ黒潮のような強い海流ができるのかを解明するかぎになるのだ。

コラム
COLUMN

天候デリバティブ

将来の天候が予測できれば便利なのだが、それは難しい。この点に目をつけた損害保険会社などが最近、「天候デリバティブ」という保険のようなしくみを作った。夏をまえにエアコンを売りこみたい家電量販店などが、「もし冷夏になったら一万円お返しします」などというサービスをしているのも、この天候デリバティブを利用したものだ。

ある保険会社の冷夏対策用の天候デリバティブは、ざっとこんな具合。あらかじめ一口五〇万円を払いこんでおくと、たとえば東京なら、七月と八月の二か月間で、一日の平均気温が二四度以下になった日が合計二二日を超えた場合に、一日あたり三〇万円が一〇日を上限に支払われる。暑くならなかったら、お金を支払いましょうということだ。

冷夏で農作物に被害がでたような場合に、その被害額に応じてお金がもどる保険は以前からあったが、この天候デリバティブは、損害のあるなしにかかわらず、気象データだけでお金が支払われる。この天候デリバティブを売りだした会社からのお知らせには、「エルニーニョ現象が発生した場合、日本へは冷夏や長梅雨といった影響が発生する可能性が高まる」と書かれている。たしかに、エルニーニョによる冷夏をにらんだものなのだ。

第５章

自転する球体

海を測る乗物・道具シリーズ　＜その６＞

有人潜水調査船「しんかい 6500」

水深6500メートルまでの調査ができる有人潜水調査船。全長は9.5メートルで、最大８時間まで潜水できる。米スペースシャトルで宇宙を飛んだ毛利衛さんが2003年３月に乗り組み、宇宙から深海までを制覇した男になった。

5—1 地球上を流れる

時速一七〇〇キロの「無風状態」

地球上を流れる海流や気流が、どうしてそのようなパターンで流れているのかを考えるには、それが地球上の流れであることを忘れてはいけない。あたりまえのことのようだが、では「地球上を流れる」というのは、具体的にはなにを意味するのだろうか。これまでにも説明してきたけれど、ここでもういちど、おさらいしておこう。

海は深い。たしかに深いのだけれど、その平均水深は約三八〇〇メートル。それにくらべて地球の半径は約六四〇〇キロメートルだから、海は深いといえども、地球の大きさからみれば、とるに足らないほどのものだ。

かりに地球を直径三〇センチメートルのボールに縮めたら、海の深さはわずか〇・一ミリメートルになってしまう。海は、地球全体からすると、地球のごく表面にへばりついている膜のようなものなのだ。

大気だっておなじこと。空気が活発に上下運動している「対流圏」という大気の層は、地上から上空一〇キロメートルぐらいまで。上空にいくにしたがって空気は薄くなっていくが、空気の成分は、高度八〇キロメートルぐらいまでは地上とだいたいおなじだ。

八〇キロメートルといえば、海の平均水深の約四キロメートルとくらべれば相当に大きな値だが、地球の直径を三〇センチメートルにすれば、この大気の厚さだって二ミリメートルにしかならない。海にしても大気にしても、大きな地球の表面に張りついている薄い衣なのだ。

だから、海も大気も、地球の自転に引きずられ、地球とともに回転している。たとえば風速ゼロというのは、空気が静止している状態ではない。地上の空気が地球とおなじスピードで動いているときに、そこにいるわたしたちは「風がない」と思うわけだ。

まえにコリオリの力のところで説明したが、地球がコマのように回っている自転のスピードは、赤道上だと時速一七〇〇キロメートル近くにもなるから、もし、赤道上空の空気が完全に静止していて地球だけが空まわりしていれば、そこに立って地球とともに回っている人は、時速一七〇〇キロメートルの風にさらされることになる。

時速一七〇〇キロメートルというのは、秒速だと約四七〇メートル。台風がきて秒速三〇メートルの風が吹くと立っているのが難しくなるから、秒速四七〇メートルなどというのは、立っていられるいられないの問題ではないのだ。

現実にはこんなことになっていないのも、大気が地球とともに回っているからだ。海や大気の

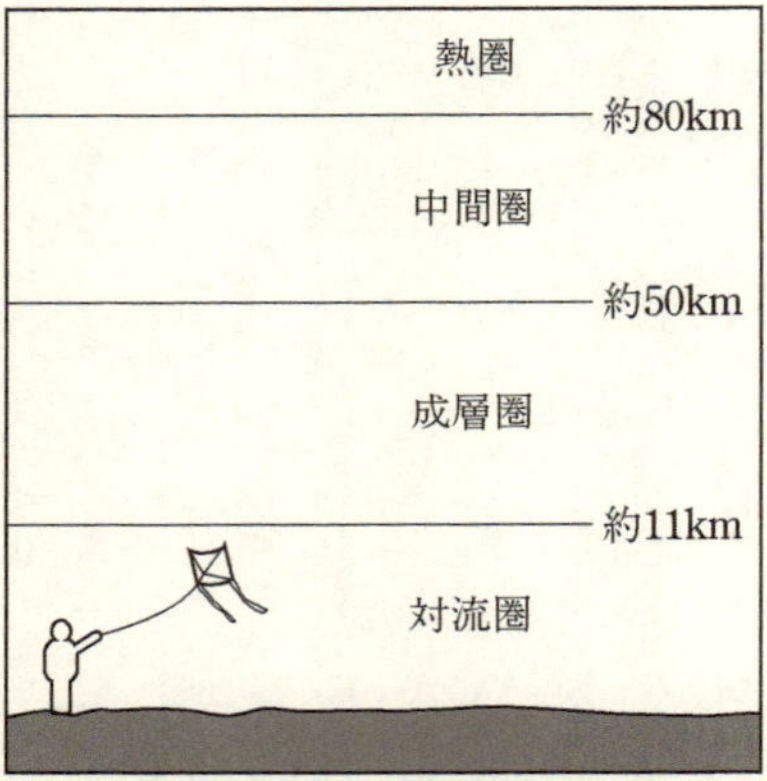

図5－1　地球大気の構造

流れを考えるときは、それが地球という回転する球の上にへばりついて、地球と一緒に回っていることを忘れてはいけない。

コリオリの力も、このような海や大気の流れを説明するために登場したのだった。さきほどの赤道上空の話でもわかるように、時速一七〇〇キロメートルで回転する地球にへばりついて時速一七〇〇キロメートルで回転している風を、わたしたちは風速ゼロと考えている。わたしたちは回転する地球の上にいることを、ふつうは忘れているのだ。忘れていても不都合がないようにするために、コリオリの力という見かけ上の力を導入したのだ。

大気の構造

さきほど「対流圏」という言葉をだした。これが大気の最下層なのだが、ここで大気がどんな構造をしているかを説明しておこう（図5－1）。

よく「大気圏」という言葉を聞く。地表付近の大気を作る成分でもっとも多いのは窒素で、全体積の七八パーセントをしめる。二番目が酸素の二〇パーセントだから、この上位ふたつで、もう全体の九八パーセントになってしまう。残りの二パーセントを、アルゴンや二酸化炭素、メタン、オゾン、水蒸気などの気体がわけあっている。

上空にいくにしたがって空気は薄くなっていくが、この成分の割合は、高度八〇キロメートルぐらいまでは、大きくは変わらない。

そして、高度一〇〇キロメートルを超えるようになると、気体を構成する分子は、プラスやマイナスの電気を帯びた「プラズマ」という状態が多くなる。

このような事情で、いわゆるふつうの大気がある高度として、地上から高度一〇〇キロメートルのあたりまでを「大気圏」とよんでいる。べつに、高度一〇〇キロメートルまでは大気があって、それより上では大気がまったくない真空の世界になってしまうわけではない。大気圏の上の端は、水面のような明確な境目があるのではないが、ここまでを大気圏ということが多い。大気圏の上端の気圧は、地上の気圧の三〇〇万分の一ほどになっている。

そして大気は、地上から高層にいくまでに、いくつかの層にわかれている。

いちばん下の層が、さきほどの「対流圏」だ。上端の高さは、緯度によって違う。赤道に近い低緯度から中緯度にかけて高く、緯度が四〇度のあたりよりも北極、南極寄りでは、がくんと低くなる。つまり、緯度が低い赤道近くのほうが、対流圏が厚い。

日本付近はちょうどこの境目になっている。北海道上空の対流圏は高度約八キロメートルまで、この高度は北極までだいたいおなじ。沖縄だと約一六キロメートルで、これは赤道付近とおなじぐらいだ。地球全体を平均すると、高度一一キロメートルというところだ。

まえにでてきたジェット気流は、この高緯度側と低緯度側とで対流圏上端の高度ががくんと変わる、その段差の部分に沿って西から東に吹いている。

「対流」というのは、熱せられた空気が上昇したり、冷えて下降したりするように、流体がおもに上下方向にかきまぜられるような動きのことだ。対流圏では、まさにこの対流運動が活発におきている。夏に、太陽で熱せられた地面から熱をもらった空気が上昇して、もくもくと入道雲を作りだすのは、この対流運動の代表例。低気圧や前線が雨を降らせたり、台風が発生するようなわたしたちに身近な天気の現象は、この対流圏でおきている。

もう少し厳密にいえば、地上から高度一キロメートルか二キロメートルのあたりまでを、「大気境界層」といってべつあつかいすることがある。この「境界」というのは、地面との境界のこと。地面からの影響を強くうける大気の層という意味だ。たとえば、地面は昼と夜とで表面の温度が違うが、この影響をもろにうけて気温が変化してしまう大気の層が、この大気境界層だ。

さて、わたしたちは、上空にいけばいくほど気温はさがると思っている。これがわたしたちの常識だ。高い山に登れば、暑い夏のさなかでも涼しい。ところが、これは対流圏の常識なのだ。たしかに、対流圏では、高度が一〇〇メートルあがるごとに、気温は〇・六五度ずつさがっていく。ところが、対流圏の上にのっかっている「成層圏」では、気温は逆に、高くなればなるほどあがっていくのだ。

成層圏の高度は約五〇キロメートルまで。フロンガスによる破壊が問題となっているオゾンは成層圏の高度二五キロメートルのあたりにたくさんあり、これが「オゾン層」とよばれている。成層圏が上空にいくほど気温が高くなっているのは、このオゾンが太陽からの光を吸収して熱に変えることが原因だ。

成層圏のさらに上では、また高度とともに気温はさがっていくようになり、この部分は「中間圏」とよばれる。その上端は高度約八〇キロメートル。地表からこのあたりまでの大気が、地上と似たような成分の空気でできている。それを超えると、また高くなるほど気温があがる「熱圏」になる。

高度約一〇〇キロメートルまでを大気圏とよぶことは説明したが、それよりも高いところは「超高層大気」という。

大気圏にある空気は、それを構成する窒素にしろ酸素にしろ質量があるから、地球の重力に引かれて地上にとどまっている。

だが、超高層大気になると、強い太陽光線などのために、大気を構成するこれらの粒子がプラスやマイナスの電気を帯びるようになり、地球がもつ磁力の影響をうける。そのため、地球の重力よりも、むしろ地球の磁力で粒子の動きが決まるようになる。

地上から超高層までの大気の構造を説明してきたが、いま、この本で取りくんでいるのは、おもに対流圏での大気の流れだ。わたしたちの日ごろの生活に、もっとも密接に関係している部分でもある。

さて、ずいぶん長いこと、わき道にそれた。地球が丸くて自転しているということの意味を、おさらいしているところだった。海は深く、空は高いといっても、地球の半径にくらべると、ほんの薄い膜のようなもの。だから、地球の自転とともに、地球にくっついて回転する。

だから、風がないというのは、本当に空気が静止しているのではなく、地球とおなじ速さで回っている状態を指す。地球上にいるわたしたちにとっては、このような状態を風速ゼロとして考えるほうが便利だ。実感にあうので、考えやすいのだ。

地球とともに回る本当は風速ゼロでない風を、地球上の人からみて風速ゼロと読みかえるわけで、その代償として、コリオリの力というものを余計に考えることにしたのだ。こんな説明を、これまでにしてきた。

さて、地球は「球形」で「自転している」のだが、まえの章までに考えてきたのは、このうちの「自転している」という部分だった。話を簡単にするために、まずは「球形」という性質を無視して、回転する平面の台のたとえで話を進めてきた。この章では、もう一方の「球形」であることに注目していこう。

まえの章のおわりに台風の説明をしたとき、コリオリの力が緯度によって違うことに触れた。赤道ではコリオリの力がゼロになるのだった。

北極と赤道の回転はどう違う?

では、北極ではコリオリの力はどうなっているだろうか。

北極に立っている人を考えてみよう。この人は、自転する地球が一日に一回転すると、それと一緒に一日に一回転する（P173ページ・図4-8参照）。この状態は、最初にコリオリの力を説明したときに使った回転する台の状況とおなじになっている。あのときも、ボールをもったピッチャーが回転台の中央に立って、台が一回転するのと一緒に一回転していた。

北極では、平面の台の回転とおなじように、地球の回転がもろに影響してコリオリの力が発生する。コリオリの力は北極でもっとも強く働き、緯度がさがるにつれてだんだん弱くなる。そして、赤道では完全にゼロになる。南半球でも事情はおなじ。コリオリの力がもっとも強いのは南極で、それが赤道に近づくにつれて徐々に弱まって、赤道でゼロになる。

もちろん、北半球でコリオリの力が働く向きは、物体が進む向きに対して直角右向き。南半球では逆になって、直角左向きになる。コリオリの力の大きさは、北半球でも南半球でもおなじだ。向きが違うだけ。たとえば、ある速度で動く物体に北緯四〇度で働くコリオリの力は、おなじ速度で南緯四〇度を動く物体に働くコリオリの力と、大きさはおなじだ。繰りかえすけれど、向きは違う。北半球では右向き、南半球では左向きだ。

このように、コリオリの力が緯度によって違ってくるのは、地球とともに回る物体の回転の仕方が緯度によって違うのが原因だ。

まえの章でした説明とちょっと重複するけれど、ここが大事なポイントだから、復習をかねて詳しく考えておこう。

もういちど、あなたが北極に立っているとしよう。地球は北極と南極をつらぬく軸のまわりを回転している。コマにたとえれば、コマの軸がこの北極と南極をつらぬく軸に相当する。この軸のまわりを、くるくると回転しているわけだ。

あなたは北極に立っているのだから、当然のことながら、あなたも地球と一緒にコマのように回転する。あなたが回転するときの回転軸は、あなたの足元から頭のてっぺんまでをつらぬく軸だ。

考えてみると、あなたが回転するといっても、その回転の仕方にはいろいろある。スポーツでたとえれば、ひとつは、フィギュアスケートのスピンのようなタイプの回転。もうひとつは、鉄棒にぶらさがって、鉄棒のまわりをぐるんぐるんと回る大車輪のような回転だ。

スケートのスピンでは、足元から頭をつらぬく直線を軸にして回転している。それに対して、鉄棒の大車輪では、回転の軸は鉄棒そのもの。この鉄棒のまわりを回転していることになる。この回転のときは、あなたは、足元から頭までをつらぬく軸のまわりには回転していない。

では、北極に立っているあなたは、どちらのタイプの回転をしているだろうか。これは、きっと直感的にわかると思うが、スケートのスピンタイプの回転だ。

地球がスピンのように自転していて、北極に立つあなたも、おなじスピンタイプの自転をする。これは平面の回転台の中央に立っているのともおなじ状況だ。地球がスピンする軸とあなたがスピンする軸とが一致して、地球と完全に一体になって自転しているのだ。

このような状況で、地球の回転によるコリオリの力は、もっとも強く発揮される。あなたがボールを投げたとき、地球上でそのボールにもっとも強いコリオリの力が働くのは、北極、あるいは南極なのだ。

では、もうひとつ質問。もし、あなたが赤道に立っていたら、その回転はどのようなタイプになるだろうか。その答えが、さきほどの大車輪タイプの回転だ（P173・図4-8参照）。

大車輪では、自分の体を縦につらぬく線を軸にしてまわるスケートのスピンとは違い、鉄棒を軸として回転している。赤道に立つあなたと地球の自転との関係は、まさにこのようになっている。地球が自転する軸は北極と南極をつらぬく方向で、これが大車輪の軸になっている鉄棒にあたる。北極に立っているときと赤道に立っているときとでは、おなじ回転といっても、その様子はまったく別物なのだ。

回転する平面の台でいえば、この台の上に立っているのは北極の状態。赤道は、この回転台の上に、足を中心に向けて寝た状態に相当することになる。

北極から赤道へいく

さて、もういちど、あなたが北極に立っているとする。地球からみればあなたはじっと立っていることになるが、地球の外からみれば、あなたは地球と一緒にスピンしている。

こんなあなたが、少しずつ赤道に近づくことを考えよう。あなたの足と地球とのあいだには、摩擦力がないと仮定する。すると、あなたはスピンしたまま赤道に到達する（図5-2）。

あたりまえのような気がするが、それは、いま、地球の外からこの現象をながめたからだ。地球の外側から観察したからこそ、北極から赤道にいたるまで、あなたがスピンしつづけていることがわかった。

ところが、ふだんのわたしたちの生活のように、地球の自転を意識しないで、地球に対する動

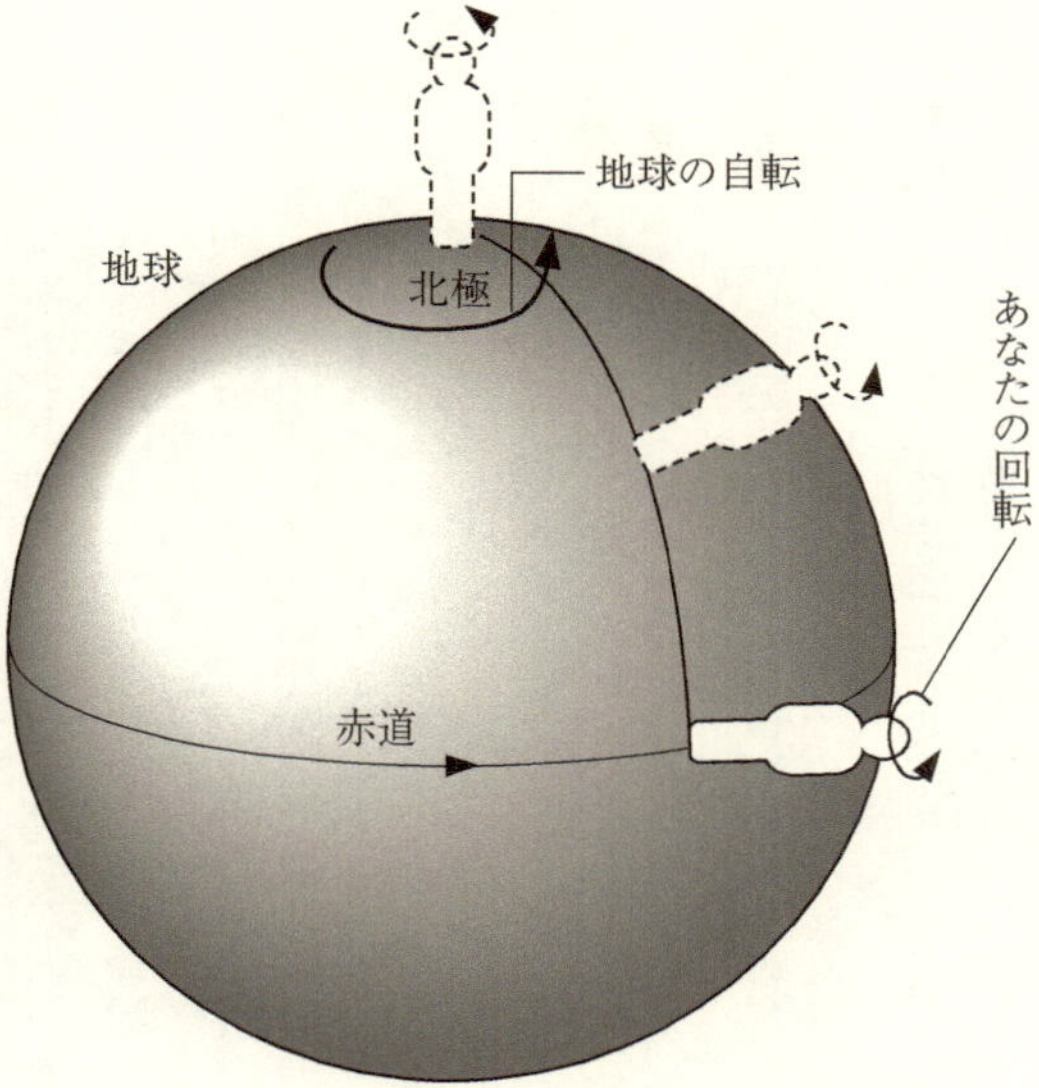

図５－２　北極から赤道へ

北極から赤道に移動すると、あなたは地球から見て回転していることになる。

きしか考えなかったとすると、さきほどの現象はとても不思議にみえることになる。

地球の回転を基準としてみれば、北極にいるあなたは、動いていなかった。あたりまえだ。地球とおなじ速度で回転しているのだから、地球からみればあなたは静止しているわけだ。

では、赤道上に達したあなたの動きはどうだろうか。さきほどの地球外からの観察でわかるように、あなたはスピンしたまま赤道に到着したのだが、このとき、北極にいたときとおなじように、地球に対して静止していることになるだろうか。

そうはならない。赤道の上で、あなたはコマのように回転しているのだ。北極で地球とともに回っていた回転をそのまま引きずって、赤道上のあなたは回転していることになる。

北極にいたときは、あなたが回転する軸と地球が回転する軸とが一致し、そのうえ回転するスピードがおなじだったので、あなたの回転は地球の回転と完全に一体化していた。だから、本当はあなたはスピンしていたのに、地球に対しては静止していられたわけだ。

ところが、赤道に来てしまうと、あなたの回転軸と地球の回転軸とは、もはやずれてしまっている。あなたと地球とは、もう一体ではない。北極から離れることで、じつはあなたがスピンしていたことがバレてしまうのだ。

地球を基準にしてみると、北極では静止していたはずのあなたが、赤道に来たときにはコマのように回転している。止まっている物体を回転させるには力を加えなければならないが、この例では、どこからも力を加えていない。それなのに、止まっていたあなたがスピンをはじめたことになる。

これが、地球が球形であることの不思議な効果だ。もっと正確にいえば、自転していて、しかも球形であることの効果だ。もし、地球が自転していなければ、北極に立つあなたは、地球の外側からながめてもスピンなどせずに静止しているわけだから、そのまま赤道に移動しても静止したまま。さきほどのような不思議な現象はおきない。

　これは、球形であり自転しているという地球上でこそおきる現象なのだ。

「自転」のマジック

　スピンをしながら北極から赤道に移動してくる話にもどろう。もっとも、スピンをしている本人は、北極にいるときはスピンをしているという自覚はない。地球に対しては静止して立っているだけだからだ。

　彼は、スピンをたもったままで赤道に移動する。当然ながら、赤道でもくるくるとスピンしている。ところが、彼は赤道ではスピンしていることに無自覚ではいられない。彼のスピンと地球の自転とが、北極のときのように一体になっていないからだ。

　わたしたちと同様に、自転している地球にのっていることを意識していない彼は、きっと不思議に思うだろう。

「わたしは北極ではスピンなどしないで、じっと立っていた。それが、自分でスピンするように力を入れたわけではないのに、北極から赤道にくだっていっただけでスピンをはじめた」

　この不思議さが、地球が球形で自転していることの不思議さなのだ。もし人間が地球の丸さと自転を意識しながら生きる動物だったら、こんなことはあたりまえに思ったかもしれない。だが、それを意識していないわたしたちには、この現象の不思議で納得しかねるような感じは、どうしても禁じえない。「理屈ではわかっても、気持ちがついていかない」という感じだ。

でも、せっかくここまで来たのだから、ストップしてしまうのはもったいない。海流や大気の流れのメカニズムを知る登山も、もう八合目までは来た。ここでは常識を裏切られる楽しさだけを味わって、さきに進むことにしよう。

スピンをしながら北極から赤道におりてくる状況を、もういちど、頭に描こう。北極でのスピンの向きは、どのような向きだっただろうか。

これは、地球の自転と一緒だったのだから、北側からみて反時計まわりだ。このスピンがたもたれたまま赤道に移動するのだから、この人が赤道に来たときは、反時計まわりに回転していることになる。

この人は、もともと北極にいるときはスピンしていることを自覚していなかったのだから、赤道に近づくにしたがって、自分が反時計まわりにスピンしはじめたと思うだろう。

この人の赤道でのスピンは、もとはといえば、北極で地球の自転と完全に一体となっていたときのものだ。赤道ではコリオリの力が働かないことを説明したときにも触れたように、赤道では、この地球の自転の影響がゼロになっている。

北極では、地球の自転の影響が最大で、この人が自覚するスピンはゼロ。赤道では、自転の影響がゼロになり、その代わりに、この人が北極で本来もっていたスピンが、そっくり現れたことになる。

これ以上詳しく説明するには、どうしても式の計算が必要になるので、もう深入りはしないが、じつは、この「自転の影響」と「本人が自覚するスピン」の和は、つねに一定になっている。地球上で回転する物体が北にいったり南にいったりすると、自転の影響が変化するのにともなって、本人が自覚するスピンの速さも変化するということだ。

これまでの説明では、北極からスタートして赤道に達したが、その逆でもおなじことだ。赤道で静止していた人が、そのまま北上して北極に到達したとする。赤道ではまったくスピンしていなかったのだから、この人は北極でもスピンしていない。ところが、地球は北側からみて反時計まわりに自転しているから、この人は、逆に自分が時計まわりにスピンしていると感じる。

地球上を赤道から北極まで移動したことで、反時計まわりに回る地球の回転の影響がでてきたが、この人に生じたスピンは地球とは逆の時計まわりなので、「自転の影響」と「スピン」との合計は、プラスとマイナスで打ち消しあって、赤道にいたときとおなじゼロになっている。

これが人ではなくてバケツに入った水でも、状況は変わらない。赤道から北にバケツを移動させると、静止していた水は地球に対し、時計まわりに回転をはじめる。北極からバケツを南下させると、北極では地球に対して静止していたはずの水が反時計まわりに回りはじめる。

北上すると時計まわりの渦が、南下すると反時計まわりの渦が発生する。これが、地球上での大規模な流体の動きを考えるときに、とてもとても重要なポイントなのだ。

5―2 西側にできる強い流れ

なぜ黒潮は強いのか?

ここまで来ると、強い海流はどうして大洋の西の端で生ずるのか、という疑問への答えに手が届く。

北太平洋の亜熱帯循環で考えてみよう。これまでになんども登場した、西の端に黒潮という強い海流があるおなじみの循環だ。

この亜熱帯循環は、北太平洋の赤道のすぐ北側の亜熱帯から中緯度にかけての海域を、時計まわりに循環して流れている。

流れといっても、川の流れのような小規模なものを想像してはいけない。西は日本、東は米国にまで広がっている地球規模の壮大な循環だ。この循環は時計まわりだから、きわめておおざっぱにいえば、西半分の流れは北向きで、東半分は南向きになっている。

さて、ここで、西半分の流れに注目しよう。

西半分の流れは、北に向かう。北に向かう流れには、なにがおきるだろうか。

さきほどのバケツの水の例からわかるように、流体が北に移動すると、その流体には時計まわりに回転する渦がうまれる。渦が時計まわりに回転するということは、渦の中心より西側では渦の流れは北向きになっている。中心より東側では南向きの流れだ。このような渦が、亜熱帯循環の北向きの流れにのっていると考えられる。

すると、どうなるか。もともとの亜熱帯循環は北向きだから、そこにのっている渦の西側の流れは、「亜熱帯循環の北向きの流れ」プラス「渦の西側の北向きの流れ」で北向きの流れが強まる（Ｐ196・図５−３）。一方、渦の東側では、「亜熱帯循環の北向きの流れ」に「渦の東側の南向きの流れ」がプラスされて、北向きの流れが弱まってしまう。もともとの亜熱帯循環の流れに、北に移動することで新たに発生する渦の流れの効果を重ねあわせて、結果として流れが強まるか弱まるかを考えたわけだ。

結局、海水が大規模に北上する亜熱帯循環の西半分を考えたとき、その西の端では北上する流れがさらに強まり、中央に近い部分では北上流が弱まる。

そして、非常に強められたこの西端の北上海流が、ほかでもない黒潮なのだ。

亜熱帯循環の東の半分もみておこう。亜熱帯循環の東半分は、南下する流れだ。南下する流体

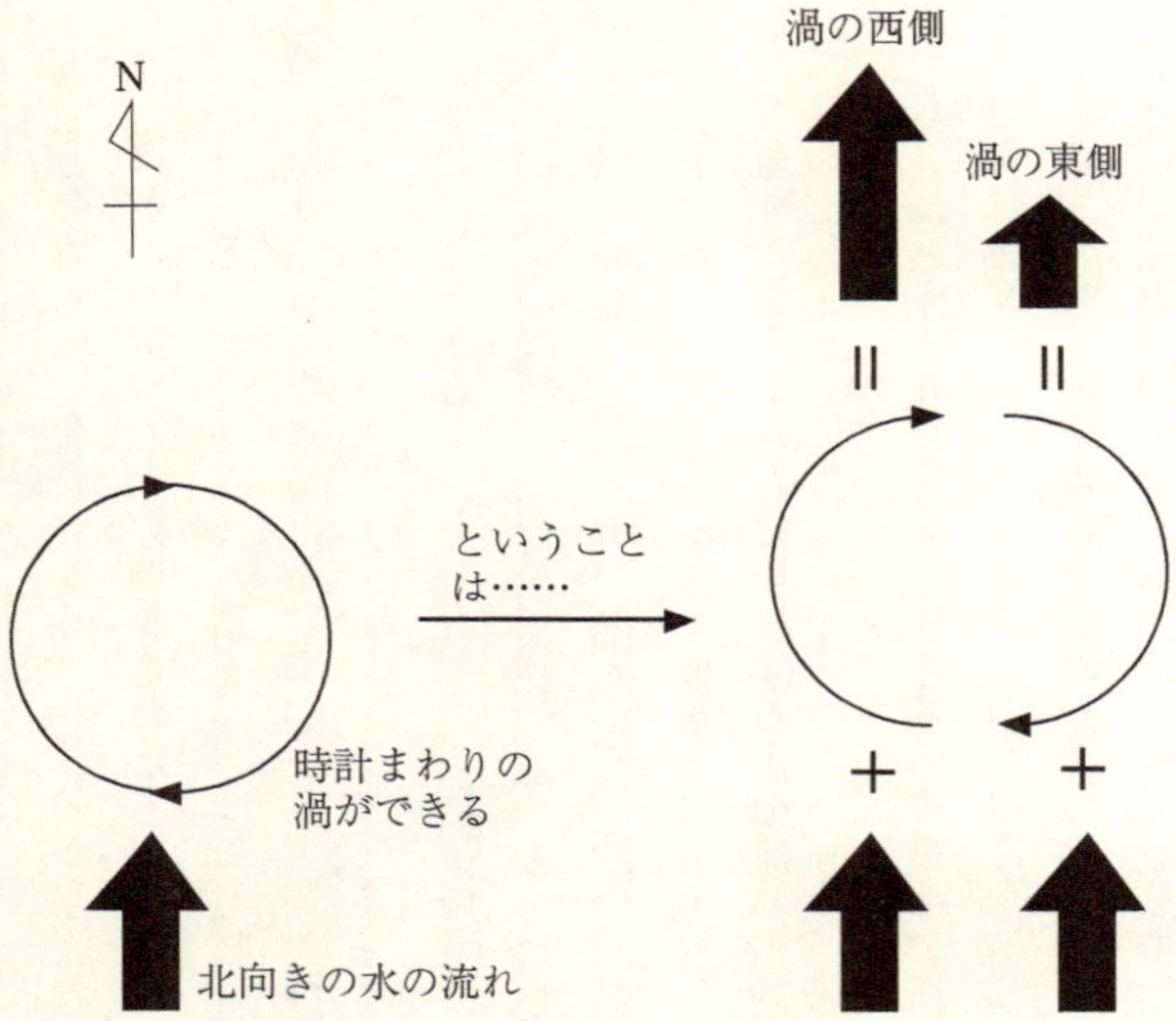

図5－3　北向きに水が運ばれると……
西側の北向きの流れが強くなる。

には、反時計まわりの渦が発生する。

反時計まわりの渦では、西半分は南向きの流れ、東半分は北向きの流れになる。これが亜熱帯循環の南下する流れに重なるのだから、東半分の東の端では「亜熱帯循環の南向きの流れ」プラス「渦の東側の北向きの流れ」で亜熱帯循環はとくに弱くなる。

このようなわけで、西の端にだけ強い流れをもつ大規模な時計まわりの亜熱帯循環がうまれるわけだ。こうしてできる大洋西岸の強い海流のことを、海洋学では「西岸境界流」とよんでいる。黒潮や大西洋の湾流は、代表的な西岸境界流だ。そして、西の端の海流を強くするこのしくみを「西岸強化」という。

この西岸強化は、なにも亜熱帯循環のような時計まわりの循環にだけ生ずるものではない。たとえば、その北側にある亜寒帯循環。この循環は反時計まわりだが、その西半分では南下する循環にのった反時計まわりの渦が、その西の端で亜寒帯循環の南下する流れを強化して、強い南向きの海流を作る。これが、日本の太平洋岸に南下してくる親潮だ。これも西岸境界流のひとつだ。

余談だが、地球上の流体の話をするとき、「東」と「西」、「北」と「南」は混同しやすい。正反対なのだから混同しようがないと思うかもしれないが、そうではないのだ。

いま西岸境界流の話をした。これは海の西の端である「西岸」でできる強い海流のことなのだが、海ではなく大陸を基準にしてみると、大陸の東岸にできた流れということになる。「海洋の西岸」イコール「大陸の東岸」になっている。アメリカの西海岸というのは、太平洋の東岸のことだ。西岸や東岸という言葉を使うときは、それが海にとってなのか陸にとってなのかをはっきりさせなければ、まったく逆に受け取られてしまう。

風の向きについてもおなじような注意が必要だ。北向きの風は南風、東に向かって吹く風は西風だ。西に向かう貿易風は東風、偏西風は東向きの西風。「東風」といったときに、それが東から吹く風なのか、東に向かって吹く風なのかが、こんがらかってしまうことがある。だから、この本では、できるだけ「東風」などという表現は使わずに、「西向きの風」という言い方をしてきた。

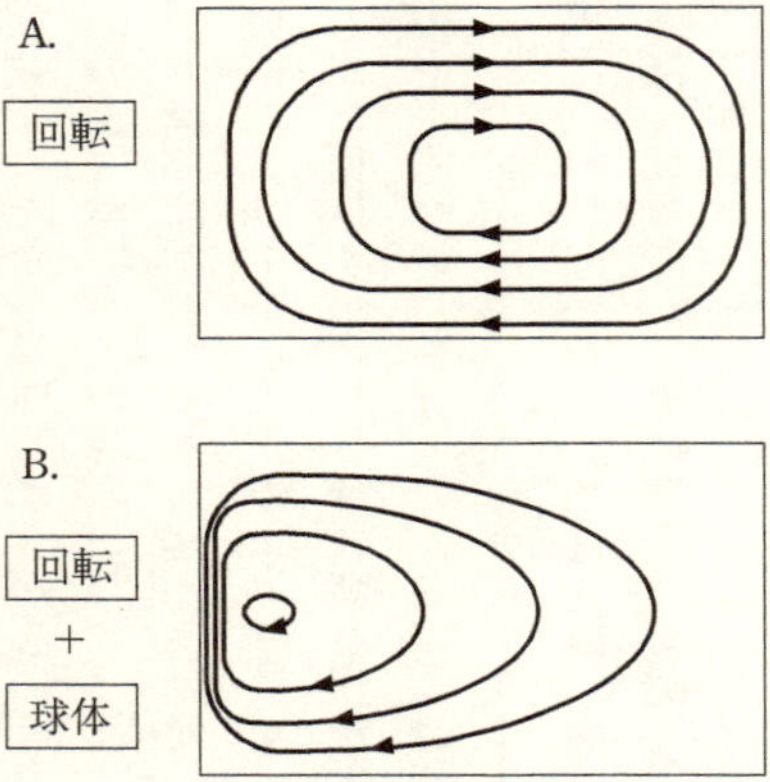

図5−4　ベータ効果

地球が「回転」していることに「球体」であることの効果を加えると、亜熱帯循環の流れ方は図Aから図Bのように変化する。図Bの左端の流れが黒潮に相当する。

西岸強化を引きおこす力

さて、北太平洋を時計まわりに循環する亜熱帯循環という大規模な流れは、その西側の部分で流れが強まって、北上する強大な黒潮をうみだすことがわかってもらえたと思う。もし、この西岸強化がなければ、循環の中心は太平洋のまんなかにあるはずなのだが、流れの強い部分が西の端に偏ったため、循環の中心も西に寄っている。循環の中心が太平洋の西の岸に押しつけられて、流れ全体が西寄りにつぶれたような格好だ（図5−4）。

西岸強化という現象がおきるには、地球が自転しているために発生するコリオリの力が、低緯度で弱く高緯度で強くなるように変化していることが重要だった。この変化は地球が球形であることからうまれる性質だということも説明した。

逆にいうと、このようなコリオリの力の緯度による変化がなければ、西岸強化はおきない。これは、循環の中心が西に偏るという現象はおきないということでもある。

じつは、地球上で流体が大規模に循環するとき、その循環の中心は西に移動する。東には動かない。亜熱帯循環もそうだ。循環は西に向かって移動したいのだが、太平洋の西には大陸があってそれ以上は動けない。だから、行き止まりになった循環が西側の大陸に押しつけられ、つぶれたような姿になって安定しているのだ。

気流にも

大気中の高気圧や低気圧も、大規模な空気の循環だから事情はおなじ。やはり西に移動しようとする。このような高気圧や低気圧が、それよりスケールの大きな東向きの流れにのっていれば、この流れを西向きにさかのぼろうとする。さかのぼるスピードが遅ければ東向きの流れに流されるし、もし、西向きにさかのぼるスピードが東向きの大規模な流れのスピードと一致すると、そこに停滞することになる。

日本などがある中緯度の上空を東向きに地球一周する偏西風は、その北側に大規模な低気圧、南側に高気圧を従えて蛇行しながら流れているが、これが、いま説明した現象の実例になっている。

この蛇行する気流の正体は、東向きの大規模な流れの上に高気圧と低気圧とが交互にのっかったものだ。大規模な流れが高気圧と低気圧の縁をまわろうとして、気流は蛇行する。

ここでも高気圧や低気圧は、東向きの大規模な大気の流れにさからって西に動いていこうとするのだが、現実には、東向きの流れが少し勝って、高気圧と低気圧がならんだ蛇行のパターンはゆっくりと東に流される。だから日本付近の天気は西から東に変わっていく。西日本で雨が降りだせば、その雨の地域は東に移動して、翌日には東日本でも雨が降る。

日本付近の天気の変化は、東向きに流れる大規模な流れと、それにさからおうとする高気圧と低気圧の組みあわせで説明できるわけだ。

西向きにだけ伝わる波

このように地球上で流体の循環が西に運ばれるのは、それが特殊な「波」となって西に伝わるからだ。この波を発見者の名にちなんで「ロスビー波」という。西向きにだけ伝わる風変わりな波だ。

このロスビー波、じつはエルニーニョを説明したときに、名前だけは登場させた。赤道付近でおきるエルニーニョの影響が、どうして遠い日本や米国におよぶのかを説明したときに、ロスビー波によって伝わるという説もあると書いた。あのロスビー波だ。

わたしたちが波といったときにまず思い浮かべるのは、海辺に押しよせる波や、池に石を投げこんだときに水の輪として広がる水面の波だろう。これらの波は、東西南北に関係なく伝わっていく。海岸に打ちよせる波が、西向きにだったら来るけれど東向きには来ない、なんていう妙なことはおきない。

それに、「波」というと、どうしても水面の凹凸が移動するイメージがわいてしまうから、逆にそれ以外の「波」がピンとこないことがある。だが、「波」というのは、なにも水面の凹凸だけではない。ある一定の繰りかえしパターンをもったものが時間とともに移動していけば、それは波なのだ。

たとえば「音波」。音波というくらいだから、これは「波」だ。どんな波なのかというと、空気中に気圧の高い部分と低い部分とが交互にならんで、それが伝わっていく波だ。

高気圧や低気圧、それに海の循環が移動していくのも、広い意味で「波」だといってよい。大気や海のなかには、じつにさまざまな種類の波があり、それが伝わっていろいろな現象を引きおこす。地球流体力学の教科書を開くと、このロスビー波以外にも、ケルビン波、内部重力波、慣性重力波など、たくさんの波が登場する。本当は波を理解せずして地球流体は理解できないといっても、いいすぎではない。それほど「波」というのは重要なのだ。

ただ、これらの波が伝わるメカニズムを説明するには、それぞれに対して、またたくさんの準備が必要になるので、ここではその代表として「ロスビー波」の性質だけを少し詳しく説明しておこう。東には進まず西にだけ進むという不思議な性質についてだ。

ロスビー波とは

南北に蛇行しながら東に向かう流れを考えよう。すると問題は、この流れのパターンがどうして西に動こうとするのかということになる。流れそのものは東に向かって流れるのだが、蛇行のパターンがどうして西向きに動くのか、ということだ。

まず、この流れのなかで北向きに流れている部分を考えよう。地球上では北向きに流体が運ばれると、その流体は時計まわりに渦を巻くのだった。すると、この渦の西側の半分は北向きの流れになり、東半分は南向きの流れになる。もともとこの流体は北向きの流れにのっているのだから、渦の西側では「流れの北向き」プラス「渦の北向き」で、北向きの流れが強まる。逆に東側では「流れの北向き」プラス「渦の南向き」で北への流れは弱まる。

したがって、北向きの流れの強い部分は西にずれることになる。

蛇行する流れの南下する部分についてもおなじ考え方ができる。流れが南下すれば、その運ばれた流体には反時計まわりの渦が発生する。渦の西側では南向きの流れ。東側では北向きの流れ。もともとの流れは南向きだから、西側で流れが強まり東側で弱まる。

流れが南下する部分でも、やはり、流れの強い部分は西側に移動する。

流れが北向きの部分でも南向きの部分でも、その流れの道筋はおなじように西に移動する。渦が発生するのは、もともとコリオリの力の強さが緯度によって違うことが原因だった。これが原因となって流れのパターンが西にだけ動く地球上の特殊な波が「ロスビー波」なのだ。

いましてきたロスビー波の説明、どこかで聞いたことがあるような気がしないだろうか。じつは、まったくおなじことをまえに説明している。そう、海流の西岸強化の説明だ。どうして西側の海流だけが強くなるのかを説明したときだ。

あのときの説明とロスビー波の説明がおなじになったのは、偶然ではない。循環の中心を西に運んだのがまさにこのロスビー波であり、西にだけ進むロスビー波が大陸があるために行き止まりになり、そこに西岸境界流がうまれたのだ。

黒潮を含む亜熱帯循環は時計まわりだから、循環の中央部は盛りあがっているということをまえに説明した。北半球では、水の盛りあがっている部分を右手にみながら流れるのが海流というものだった。もし、地球が球形ではなく平面で、コリオリの力の効き具合が緯度によって変わらなければ、この水面の盛りあがりは動かない。

だが、現実の地球は球形で、コリオリの力は高緯度ほど強く働くので、水面の盛りあがりは西に移動する。このようにして、水面の盛りあがりが西の岸の近くにぎゅっと押しつけられたような、西に偏ったいびつな循環ができあがるのだ。循環の西側部分にある北向きの流れは、この盛りあがりと岸とにはさまれた狭い部分を通りぬけなければならないので、どうしたって流れのスピードはあがる。これが世界最強の海流である黒潮ができあがるメカニズムだ。

ロスビー波が運ぶのは、盛りあがりだけではない。亜熱帯循環の北側にある亜寒帯循環は反時計まわりの循環だから、その中央部はくぼんでいる。亜熱帯循環の反対だ。このくぼみもロスビー波として西に移動する。そして西側の岸のところで行き止まりになって安定する。このときも西岸境界流ができる。それが南向きの親潮だ。

だから、「どうして西の端にだけ強い流れができるのか」という問いに対しては、「ロスビー波が西にだけ進むから」というのが、もっともシンプルな回答ということになる。

ちなみに、このロスビー波は、南半球でも西にだけ進む。理由は北半球の場合とおなじ。南下する流れには、北半球と逆の反時計まわりの渦ができるから、流れの西側が「南下する流れ」プラス「渦の西半分にある南向きの流れ」で強まる。それで、流れの強い部分は西にずれる。

さて、このロスビー波という波、わかったようなわからないような妙な気分がきっと残っていることだろう。その理由のひとつが、わたしたちの日常生活ではお目にかかることができないからではないだろうか。わたしたちの常識が通用しないのだ。

風呂の水を排水したときの渦は、どちらまわり？

たとえば、風呂の湯船にはった水を亜熱帯循環のように時計まわりに回しても、それが西に寄って西岸境界流ができることはない。池でボートをこいでいると、なにかの拍子で池の表面に渦ができることがあるが、この渦が西にだけ移動していくということもない。これはどういうわけなのだろうか。

その答えは「スケール」の大きさだ。

ロスビー波によって西岸境界流ができるといったが、このようなことがおきるには、まず、そのロスビー波によって運ばれるべき大洋中央部の大規模な盛りあがりがなければ、話がはじまらない。この盛りあがりは、どのような場合でも発生するのだろうか。

結論からいうと、この盛りあがりは、相当にスケールの大きな現象でなければ発生しない。

まえに、「海流は斜めの海面に沿っておなじ高さのところを流れる」という説明をした。ふつうなら、水面が斜めになっていれば、水面の高い部分から低い部分に水が流れて、水平になっておしまいになる。だが、コリオリの力があると、この水が流れ落ちようとする力に対抗するようにコリオリの力が働いて、この斜めの水面の一定の高さの部分に沿うように水が流れる。それが海流というものだと説明した。

これは、裏をかえせば、コリオリの力がなければ、このようなメカニズムでうまれる海流というものは存在できないということだ。いいかえると、コリオリの力が主役として登場できないような状況では、これまで話してきたようなことはおきないわけだ。

コリオリの力は弱い力だ。わたしたちは一キロメートル歩くのに一五分ぐらいかかるから、その速さは時速四キロメートル。細かい計算ははぶくが、この速さで歩く体重六〇キログラムの人に働くコリオリの力の大きさは、重量にしてわずか〇・五グラムだ。体重六〇キログラムに対して一グラムにも満たないのだから、まず感知できない。コリオリの力は、わたしたちの日常生活では、これほど弱い力なのだ。

ただ、現象のスケールが大きくなると、話は違ってくる。こんなに小さな力でも、それがたとえば海流のように、長い時間かかって大きなスケールで移動していくと、その効果は積もり積もって無視できなくなる。

わたしたちの暮らす中緯度付近では、たとえば温帯低気圧を考えるときは、コリオリの力はきわめて重要で、台風でもコリオリの力はやはり重要。だが、それよりスケールが小さい竜巻のときはあまり重要ではない、ということになる。スケールが大きくてゆったりとした流れのときに、コリオリの力は重要な働きをするのだ。

風呂の残り湯を捨てるとき、排水口に吸いこまれる水の渦の巻き方が、北半球と南半球とでは逆になるという人が、ときどきいる。コリオリの力の働く向きが北半球と南半球とでは逆だから、というのがその理由らしい。

高気圧や低気圧の渦の巻き方は、たしかに北半球と南半球とでは逆になる。これは、北半球と南半球とでコリオリの力の働く向きが逆になるからだが、これを風呂の水にまであてはめてはいけない。

コリオリの力が重要になるのは、たびたび説明しているように流れのスケールが大きなとき。せいぜい数十センチメートルほどの排水口の渦に対しては、コリオリの力の効果はゼロといってよい。

それよりも、排水口のせんを抜くとき最初に水に与えた動きとか、湯船や排水口の形などの影響のほうがずっと大きい。この風呂の渦の話を信じる人は、地球流体力学の基本であるコリオリの力とスケールとの関係を忘れているのだ。

ロスビー波の話にしても、これは緯度によってコリオリの力が違うためにうまれる波だから、「コリオリの力が緯度の違いで変化した」と感じることができるぐらい大きなスケールで地球上を移動する現象にだけ関係する。だから、風呂の湯船に浮いた水の渦が西に動いていかなくても、なんの不思議もないということになる。

風の影響をうけない流れ

本筋にもどろう。

ここで解明したかったのは、「海の流れは、どうして西の端に強い海流ができるパターンになっているのか」という疑問だったから、その目標はだいたい達成できた。

偏西風のような大規模な風が海面をこすり、その力で海が動く。ただ、その動き方は、洗面器の水面に息をかけたときに、その息の方向に水が動くという小規模な現象とは違い、海の場合にはコリオリの力が働いて、北半球ならば盛りあがった海面を右手にみながら等高線に沿うようにして水は流れる。

このとき、コリオリの力が緯度によって違うために、海洋の大規模循環は西側に移動しようとする。ところが、実際には西端には岸があるので、そこで行き止まりとなって岸に押しつけられ、大洋の西端にある大陸のそばにだけ西岸境界流という強い海流ができる。太平洋の黒潮や大西洋の湾流は、その好例だった。

では、これで話をおしまいにするかというと、じつは、そうはいかない。

わたしたちが海流と聞いてふつう思い浮かべる黒潮のようなタイプの海流については、これで説明はおわりだ。これまでに説明してきた海流は、大規模な風に海面がこすられて海水が動くことで循環していた。このタイプの循環を「風成循環」という。風が成因となっている循環という意味だ。流れているのは海の表面に近いところだから、「表層循環」ともいう。海の表層循環は、風に吹かれて発生する風成循環なのだということになる。

となると、そうではない循環があるはずだ。表層ではないところを流れ、風が流れの原因にはなっていない循環。それが、深層にまで流れがおよぶ「深層循環」だ。その成因の側からは、表層の「風成循環」に対して「熱塩循環」と名づけられている。この深層循環は、地球の気候にとって重要な意味をもっている。それを、つぎの章で説明していこう。まずは、熱塩循環の「熱」とはなにか、「塩」とはなにか、というあたりから……。

オゾンホール

オゾンというのは、酸素原子が三つくっついてできている気体。高度二五キロメートル前後の上空にたくさんあって、そこはオゾン層とよばれている。

ここに人間が作りだした物質である「フロン」が到達すると、オゾンを次々と破壊する。フロンの仲間には何種類かあるが、いずれも燃えにくく安全。電子部品を洗浄したり冷蔵庫の冷却液に使うのに極めて便利な液体なので一九五〇年代に使用量が急増したが、これが気化して地球のオゾン層を破壊することには七〇年代まで気づかなかった。

そして南極の上空で「オゾンホール」が八〇年代になって確認された。南極の春にあたる一〇月ごろに、南極上空のオゾン量が激減してしまう現象だ。まるで南極上空にオゾンのない穴（ホール）があいてしまったかのようにみえる。

現在では国際的にフロンの全廃が合意されているが、フロンの寿命はおよそ七〇年から五五〇年と長く、かりに使用をやめてもオゾン層への影響は長期にわたって残ると推測されている。七〇年代のオゾン量に回復するのは今世紀の半ば以降と推定している研究者もいる。いちど壊した自然は、容易にはもとにもどらない。

第6章

深層循環のメカニズム

海を測る乗物・道具シリーズ　<その7>

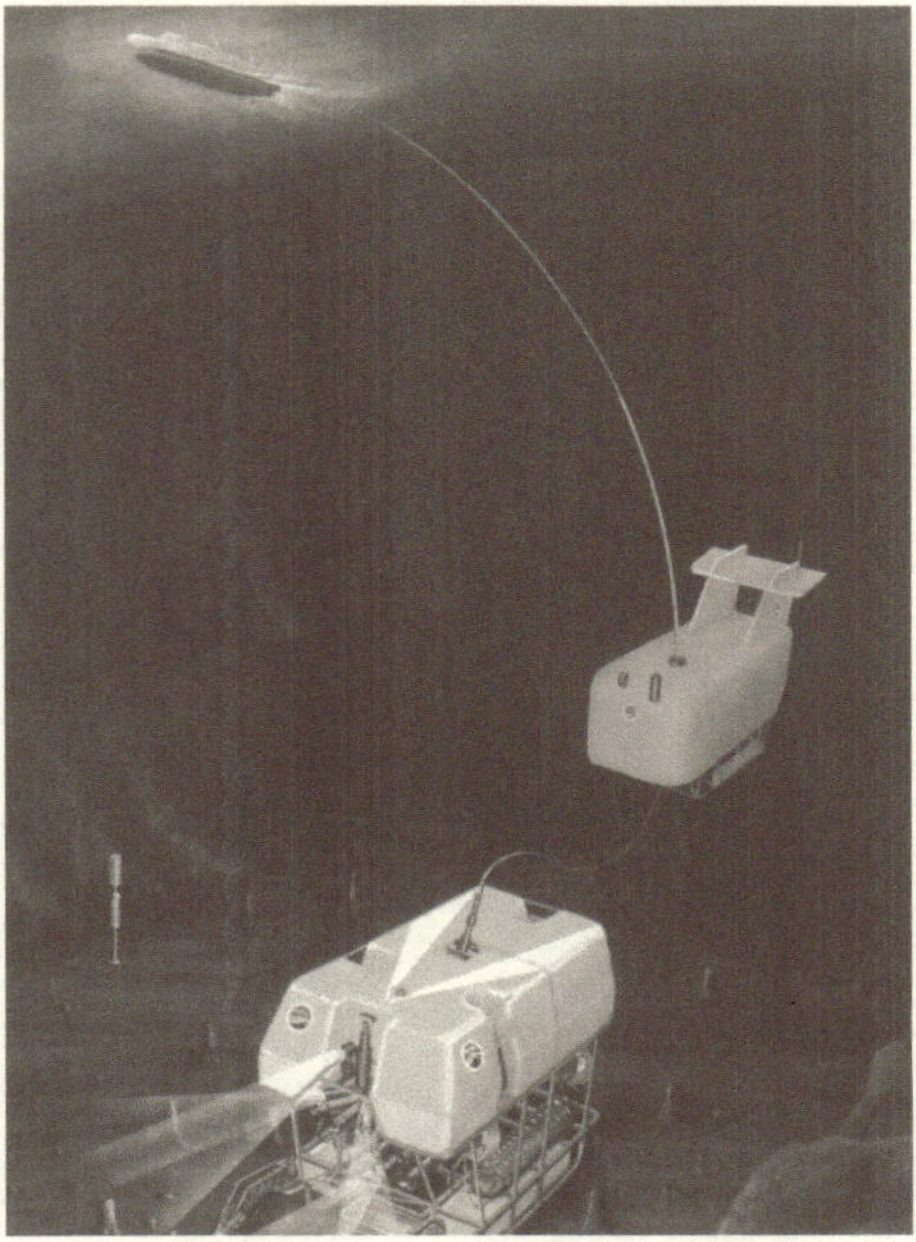

無人探査機「かいこう」

水深1万1000メートルまで潜れる無人の深海探査機。地球上のすべての海洋底の探査が可能になった。船からおろした親機から、さらに発進する子機で、珍しい深海生物を採取することもできる。

6―1　世界をめぐる悠久の旅

海から海へ

　これまでにお話ししてきた表層海流は、たとえば北太平洋では東西のさしわたしが一万キロメートルにもおよび、その西岸境界流である黒潮は、最初の章でも触れたように陸上の河川の一〇万倍にもなるような膨大な水を運んでいる。

　これだけでも十分に壮大な物語だが、これから話をはじめる深層海流は、それをはるかに上まわるスケールをもっている。

　表層海流はそのほとんどが、太平洋なら太平洋、大西洋なら大西洋と、それぞれの大洋のなかだけで循環していた。太平洋と大西洋とのあいだには南北のアメリカ大陸があり、大西洋とインド洋とのあいだにはヨーロッパとアフリカ大陸。インド洋と太平洋のあいだも、東南アジアの国々やオーストラリア大陸で実質的には仕切られている。

　なかには南極大陸のまわりを東向きに一周する南極環流、あるいは南極周極流とよばれる海流もあるが、表層海流のほとんどは大陸の壁にはばまれている。それだからこそ西岸境界流もうみだせるのだった。

ところが、深層海流は違う。世界の海をまたにかけるのだ。

おおよその姿を紹介しておこう。出発点は北大西洋。そこで表層から沈みこんだ海水が、水深数千メートルの深層を南極の近くまでくだり、そこを東向きに流れて、インド洋や太平洋に深層水として広がっていく。そのあたりで表層に浮上して深層水としての旅はおわる。浮上した水は、やがて表層を流れて北大西洋にもどっていく。この旅に要する時間は数千年にもおよぶ。

深層循環は、べつの名を熱塩循環という。深層循環というのは流れている深さからつけた名前。熱塩循環というのは流れの原因からつけられた名前だ。

熱塩循環は、海水の密度の大小が原因となって発生する流れだ。海水は、熱が加えられて温まると密度が小さくなって軽くなる。冷えると重くなる。海水の密度に影響するもうひとつの要因は塩分だ。塩分濃度が高くなれば重くなり、低くなれば軽くなる。この温度と塩分濃度とのかねあいで、その場所の海水の密度が決まる。

熱塩循環の「熱」は、海水の温度を変えて密度を変化させる要因としての「熱」。「塩」は、おなじく密度を変化させる塩分濃度のことだ。だから、熱塩循環というのは、熱が加えられたり冷やされたりして海水の温度が変わったり、あるいは塩分濃度が変わったりすることで密度が変化し、そのために海水が沈みこんだり浮きあがったりすることで生じる大規模な海水の循環のことだ。

深層の海流ができるためには、まず、どこかで海水が沈みこまなければならない。だが、水深四〇〇〇メートルを超えるような深い海にまで沈みこめる海域は、世界のあちこちにあるわけではなく、ごくごくかぎられた海域でだけみられる現象だ。

そのひとつが、北大西洋北部のグリーンランド沖。もうひとつが南極周辺。いまのところ確認されている表層の水の沈みこみ海域は、このふたつだけだ。

北大西洋の表層には西岸境界流である湾流が北に向かって流れており、この流れが塩分濃度の高い表層の水を北部に運んでくる。この塩分の濃い海水が北極域に近づいてくると、寒冷な大気に冷やされる。ただでさえ塩分濃度が高いうえに冷やされるのだから、低温かつ高塩分で密度がかなり大きくなり、ここで海水は沈降する。

こうして沈みこんだ海水は深さ三〇〇〇メートルのあたりをゆっくりと南下して、南極大陸の近くにまで達する。これが北大西洋深層水とよばれる水だ。

さて、表層から海水が沈みこむもうひとつの場所が南極海域にある。南大西洋の南の端にあたるウェッデル海がその海域だ。ここで沈みこんだ海水は、北大西洋深層水をとりこんで南極大陸のまわりを東向きに周回する。

南極のまわりを大西洋から出発すると、まず出合う大洋はインド洋だ。ここで深層の水は、一

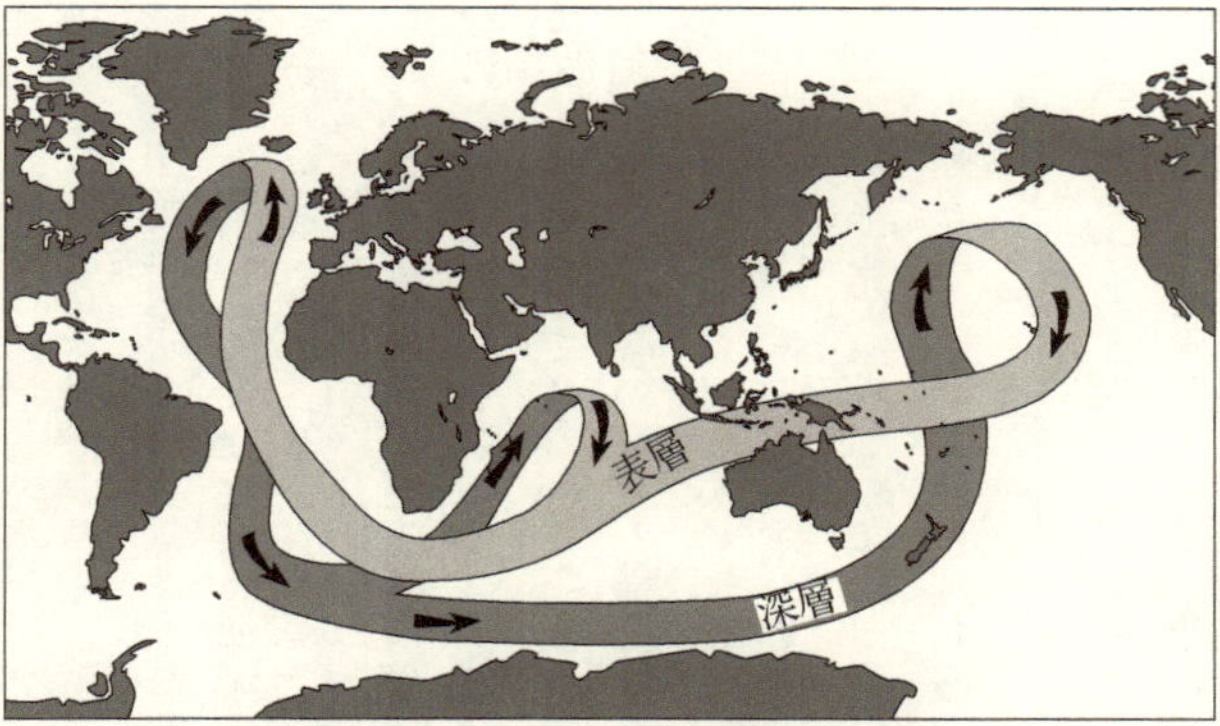

図6－1　深層循環模式図

部が北上してインド洋に入る。北上しなかった深層水は太平洋に達し、ここでもやはり一部が北上していく。

　これらの北上した深層流のさらに一部は上昇して表層にもどり、そうでない水は深層にとどまったまま南下して、もとの南極を周回する深層流に取りこまれてしまうと考えられている。

　インド洋で深層から表層に浮かびでた水は、アフリカ大陸の南をまわって大西洋にもどる。そこで表層を北上し、北大西洋の北部に達したところで冷やされてまた沈みこむ。これで熱塩循環が一周したわけだ（図6－1）。

深層海流の流れを測る

　海水は、いったん沈みこんでしまうと、大気との接触を断たれてしまう。海水中の酸素や二酸化炭素などは表層で大気と触れて取りこまれるから、沈みこんだ海水は、いわば外気との交わりを封印された形で長い長い旅にでる。さきほど説明した深層海流のまわり方からも想像がつくと思うけれど、外気との接触を断ったもっとも古い海水は、太平洋の深部を流れる太平洋深層水だ。

ところで、このような深層海流の流れる道筋は、どうやってわかったのだろうか。表層を流れる海流なら、船から温度計をおろして水温を測ることも難しくはないし、現在は、人工衛星から海面水温や海面の凹凸を広い範囲で測定することもできる。だが、光や電波などの電磁波は水中をほとんど伝わらないので、それをもとにして海洋を観測する人工衛星は、海の表面のデータしか集めることができない。

となると、深層の海流の姿を知るには、やはり船をだして実際に観測してみるほかはない。深海での海水の流れはきわめて遅く、一時間かけて一メートル動くか動かないかというものも珍しくない。それをあらゆる海域で精度よく測るというのは、とても難しい。そこで、深層海流のおおよその流れを知るためには、べつの手法も使われている。

水の動きはみえにくい。もちろん、どこもおなじ無色で透明だからだ。海だって青みがかっているけれど、事情はおなじ。なにか特別な工夫をしなければ、海水の動きを知ることはできない。さあ、どうするか。

いま、水槽に水を入れて、その水の動きを調べるにはどうしたらよいだろうか。水だけをじっとみつめていても、動きはなかなかわからない。だが、もし、水のなかに小さいゴミがまじっていれば、そのゴミの動きを追うことで水がどちらに移動しているかわかる。

ゴミがなければ、たとえばインクをぽたりと落としてみるとよい。水に動きがあれば、インクはその方向にだんだんと広がっていく。水が完全に静止していても、やがてインクは拡散して水とまじるから、この方法とて万能ではないが、動きのある流体に対してはかなり有効な方法だ。

もしも、水に落として五分たつと、色が青から赤に変わるインクというものがあったら、どうだろう。インクの色が青から赤に変わったところが、水の流れが五分間で到達した場所を示すことになる。もしそれがインクの落下地点から一〇センチメートルの場所なら、その水の流れは分速二センチメートルだとわかる。

実際の海洋では、このように染料を流して追いかけることは難しい。そこで、海の深層水をいろいろな海域で採取して、いまのインクの例でいうと、色が青か赤かを調べるわけだ。もし赤なら、沈みこみの時点からかなり時間がたった水で、青ならまだできて間もない水だと判断する。

色が青と赤との二色ではなく、さらに黄色、紫色、緑色などと時間の経過とともに変化すれば、沈みこんでからの時間が短い順にならべることができる。つまり、どのように海水が移動していったかが推定できることになる。

だが、そんな色変わりのインクのように都合のよい目印になるものが、はたしてあるのだろうか。

それが、あるのだ。しかも、研究者たちは、いろいろな種類の目印をみつけた。どれかひとつの目印では正確なことがわからなくても、多くのデータを突きあわせれば、相当にはっきりしたことがわかる。

測定のかぎをにぎる物質を探る

その目印のひとつは、海中の酸素濃度だ。海中の酸素は、もとは大気に含まれていたもの。新しい酸素は海と大気が接触する海面でだけ供給される。だから、表層の海水が沈みこむと、大気との接触が断たれて酸素の供給は止まる。海中に溶けた酸素は、たとえば生物の死骸《しがい》の成分である有機物の分解に使われて、だんだんと量が減っていく。もう新たな酸素は供給されないのだから、酸素の少ない海水ほど、沈みこんでから長い時間が経過したことになる。

この説明からもわかるように、深層水の姿を知るには、実際にその場から水を採ってこなければならない。人工衛星でとったデータをどこかから入手して、空調のきいた研究室でコーヒーを飲みながらパソコン相手に優雅に深層水の研究をする、というわけにはいかないのだ。

調べたい海域に実際に船を進め、採水器をくりつけた数千メートルにもおよぶ長いワイヤーを深海におろす。採水器というのは、その名のとおり、調べたい深さの水を採ってくる道具。円筒のボトルをふたの開いた状態で沈めていき、目的の深さに達したところで信号を送ってふたを閉める。これを船上に引きあげて分析するのだ。

もちろん、採水器をはじめとする海洋の観測機器は、昔にくらべて使いやすく進歩しているのだが、船をだして水温を測ったり採水器で海水試料を集めたりするという作業自体は、昔もいまも欠かせない。このハイテクの時代に昔ながらの船による海洋観測というと、なにか進歩のない古臭いもののように思うかもしれないが、自然の姿を知るためには、このような地道な作業はいつの時代にも必要なのだ。

さて、海中の酸素濃度で沈みこみからの時間経過を知るという話だった。この方法で太平洋の北から南までを調べてみると、たとえばおなじ水深四〇〇〇メートルでは南極に近づくほど酸素濃度が高く、また酸素濃度がとくに高い、比較的新しい水は、南極から沈みこんで沈降し、海底近くをはうように北上していることがわかる。

この酸素濃度を使う方法には、残念ながら欠点もある。沈みこんでからの経過時間が、ある場所とそれに隣りあった場所とでどちらが長いかはわかるのだが、その時間が実際に何年なのかがわからない。酸素は有機物を分解するのに使われて減っていくが、その有機物が多い海域では酸素の消費も激しい。ふたつの海域の酸素濃度がおなじでも、沈みこみからの経過時間がおなじである保証はないのだ。

つまり、海中の酸素濃度は、沈みこみからの経過時間を計るストップウォッチとしては、残念ながらちょっと役不足ということだ。

では、経過時間そのものを計れる正確なストップウォッチはないのだろうか。

そこで登場するのが「放射性物質」だ。

放射性物質というのは、「放射線」とよばれる粒子や電磁波を放出する物質のことだ。この放射線を放出する能力のことを「放射能」という。たとえば、原子力発電所のエネルギー源に使われているウランという物質は、放射線をだしながら崩壊してべつの物質に変わる。ウランは放射線をだす能力があるから、「ウランには放射能がある」という。

測定にぴったりの物質があった

海に溶けているいろいろな放射性物質が海水の古さを知る目的のために使われるのだが、その代表は「炭素」だろう。

炭素は、生き物の体をつくる有機物の分子の骨格となる、わたしたちに欠かせない大切な元素だ。炭《すみ》はまさに炭素のかたまり。かわったところでは、あのダイヤモンドも炭素のかたまり。炭とダイヤモンドがおなじものとは思えないが、炭素の並び方が違うと、こんなにも大きな違いになるのだ。わたしたちのはく息に多く含まれていて、地球温暖化の原因ともなる二酸化炭素は、炭素と酸素とが結びついたものだ。

　この炭素という原子の中心部には、プラスの電気をもった粒子である「陽子」が六個と、プラスでもマイナスでもない「中性子」が六個の、合計一二個の粒子がくっついた原子核がある。原子核というのは梅干しでいえばその種のようなもので、そのまわりを電子というマイナスの粒が回っている。

　陽子と中性子でできた原子核のまわりを電子が回るというのが、原子の構造の基本形で、そのうち陽子の数が六個の原子が炭素なのだ。原子の種類はこの陽子の数で決まり、ちなみに八個だと酸素、二〇個だとカルシウム、四七個だと銀、七九個だと金になる。

　炭素は、さきほど説明したように合計一二個の陽子と中性子でできたものが標準形で、自然界ではこれが九九パーセントをしめる。これは放射線をだして分裂することのない、安定した物質だ。

　ところが、この炭素のなかに、わずかに放射能をもつものがまじっている。宇宙から飛来するエネルギーの高い粒子が大気にぶつかって、ふつうより中性子が二個余分にくっついた特殊な炭素を作りだしてしまうのだ。陽子六個に中性子八個の合計一四個で原子核ができた炭素だ。原子の種類は陽子の数で決まるので、中性子の数がふつうより増えても、炭素であることにはかわりない。

原子	半減期
トリチウム	12年
炭素（8）	5730年
炭素（5）	20分
酸素（7）	2分
リン（17）	14日
ストロンチウム（52）	29年
セシウム（82）	30年
ラジウム（138）	1600年
ウラン（143）	7億年

※カッコのなかの数字は中性子の数

表6－1　おもな原子のおよその半減期

中性子の数が多いこの変則的な炭素は、放射線をだしながらほんのわずかずつ壊れて窒素の原子に変化してしまう。問題は、壊れるペースだ。これが正確にわかっていれば、その量を測定することで、その炭素ができてからどれくらいの時間がたったかわかるはずだ。

中性子をふつうより二個多い八個もった炭素の場合、その炭素原子の個数が半減するのに五七三〇年かかることがわかっている。もし、この炭素原子が一〇〇個あったら、五七三〇年後に残っているのは五〇個ということになる。さらに五七三〇年たつと二五個になる。

このように、放射性物質の量が半分になるまでの時間を「半減期」という（表6－1）。これで放射性物質が崩壊していくペースを表す。いまの炭素の例だと、半減期は五七三〇年。五七三〇年たつたびに、残っている個数が半分になっていく。ちなみに、原子力発電で核燃料として使われるウラン235の半減期は約七億年できわめて長い。

おなじ炭素でも中性子の数が五個のものもあって、こちらの半減期は二〇分と短い。酸素に含まれる中性子はふつうは八個だが、人工的に作った中性子七個の酸素は二分の半減期でどんどん崩壊していく。かりに、このような半減期の短い放射性物質を利用して深層循環にかかる時間を推定しようとしても、あっというまにほとんどがなくなってしまうので、利用することはできない。

だから、調べたい現象によって、使いやすい放射性物質は違ってくる。深層海流のように長時間かけて変化するような現象には、ゆっくりと時間をかけて崩壊していく放射性物質が時計としては適しているのだ。

大気中に含まれる二酸化炭素を形づくる炭素のなかにも、中性子の数が六個のふつうの炭素のほかに、ごくわずかの一定量だけ中性子数八個の炭素がまじっている。大気から海に取りこまれたばかりの二酸化炭素だと、そのなかに含まれているこの二種類の炭素の割合は大気とおなじだ。

ところが、中性子八個の炭素は放射線をだしながら崩壊してべつの物質になってしまうので、大気からの供給がない海中の二酸化炭素では、この中性子八個のものは一方的に減るばかりだ。つまり、海水が沈みこんで大気との接触がなくなってから時間がたった海水ほど、中性子八個の炭素が少ないことになる。

悠久の流れ

この原理を使って、世界中の深海から採取した海水の炭素の種類を測定してみると、大西洋の水がもっとも新しく、ついでインド洋、そして太平洋の水が最古という結果がでた。太平洋のなかでも北太平洋の北部にある深層水は、一〇〇〇年以上もの長旅をへてきたことがわかった。

そして、このような深層水がめぐりめぐって最初の北大西洋北部にもどるのは、出発から約二〇〇〇年後。深層循環は、まさに、何千年もの時をへた悠久の流れなのである。

沈みこみを測る

北大西洋北部のグリーンランド沖で、たしかに表層の海水が沈みこんでいることも、放射性物質を使った観測ではっきり示された。この沈みこみ自体には、深層循環の全体ほどは時間がかからないので、もう少し半減期が短い物質でも役にたつ。

そこで海洋学者が着目したのはトリチウムという物質だ。これは水素の仲間。水素は陽子一個が原子核になっている原子だが、これに中性子二個が余計にくっついたのがトリチウム。一二年の半減期で壊れていく。

ちなみに、水素原子の構造は基本形とはちょっと違っていて、自然界では九九・九九パーセントをしめるもっともふつうの水素は中性子をもっていない。原子核は一個の陽子だけでできていて、そのまわりを一個の電子が回っている。

これに、中性子がひとつ加わった水素は「重水素」とよばれる。さらに中性子が一個ふえて、陽子一個と中性子二個になった水素が、トリチウムとよばれるものだ。

トリチウムは、自然の状態では大気中にはほんのわずかしかない。だが、過去に、これがかなり大量に大気中にばらまかれたことがあった。米国と当時のソ連が冷戦のまっただなかにあった一九六〇年代のはじめごろ、大気中で核実験がさかんにおこなわれた。このときにトリチウムが生成し、大気中の濃度が一気にあがった。

こうして発生したトリチウムは、ふつうの水素や酸素の原子と結びついて放射能をもつ水の分子となり、海面に落下して北大西洋北部では沈みこみをはじめた。トリチウムは一二年たつごとに量が半分に減っていく。そこで、残っているトリチウムの量を七〇年代と八〇年代に北大西洋の各海域で測定したところ、表層の海水は一〇年ほどでだいたい海底にまで到達し、それから南下をつづけていくことがわかった。

6-2　深層海流がもたらす影響

北海道より北にあるロンドンが暖かいのは？

さて、この深層循環だが、地球の大規模な気候変動に大きな影響を与えることが、最近になって確実視されるようになってきた。過去におきた気候変動を調べたところ、気温の大幅な上昇や下降などと同時に、この深層海流の様子が変化していたことがわかってきたのだ。

海流には、地球上の熱を南北に運ぶ役割がある。

地球は太陽から熱エネルギーを受け取り、それとおなじ量だけ熱エネルギーを宇宙に放出している。もし受け取る量が放出する量より多ければ、地球は一方的に温まってしまうし、逆ならばどんどん冷えていくはずだ。だが、現実にはそうなっていない。ということは、おなじ量だけ受け取り、そして放出しているということだ。

地球全体でみると、たしかにそのとおりなのだが、地球の部分部分では、受け取るエネルギーと放出するエネルギーのバランスはとれていない。太陽の光がぎらぎらと降りそそぐ低緯度地域、緯度でいうとだいたい北緯三〇度から南緯三〇度ぐらいまでのあたりは、太陽からのエネルギーの供給が放出量を上まわっている。それよりも高緯度では、逆に放出量のほうが多い。

これだと、低緯度地域はエネルギー過剰でどんどん気温があがり、高緯度は冷える一方になってもよさそうなものだが、実際には、低緯度は暑いなりに、高緯度は寒いなりに、気温はほぼ一定で安定している。

それは、海と大気が低緯度から高緯度に向けて熱エネルギーを運んでいるからだ。海は海流によって熱を運ぶし、大気は、たとえば台風や高気圧、低気圧などが熱の運び屋として働いている。

海によって運ばれる熱と大気によって運ばれる熱とは、ほぼ等量だと推定されている。

そして、まえにも説明したように、水は空気にくらべて温まりにくく冷めにくい。温かい海水が海流で運ばれてくれば、その場所の気温が少々さがろうとも、海が大気を温めることができる。

ヨーロッパは、高緯度のわりには温暖な地域だ。英国のロンドンの緯度は北緯五〇度ぐらい。北緯五〇度といえば、北海道のはるか北方でカムチャツカ半島の南端に迫ろうとするあたり。北海道の札幌は北緯四三度で、ロンドンはそれよりずっと北にあるのだ。

だが、ロンドンがもっとも冷える一月と二月の平均気温はいずれも四・四度。札幌の一月はマイナス四・一度、二月はマイナス三・五度だから、ロンドンの冬のほうが八度ぐらいも気温が高いということになる。

これは、北太平洋の黒潮に相当する強力な「湾流」をはじめとする表層海流が、北大西洋のかなり北方まで熱を運んでいくからだと考えられている。海の熱で温められた大気がヨーロッパに押しよせ、高緯度なのに暖かい気候に恵まれるというわけだ。

もし、湾流がなかったら……

すでに説明したように、この北上する表層海流は、グリーンランド沖まで達すると、さすがに冷やされて重くなり、沈みこんで深層循環の出発点になる。

もし、この表層の流れが止まったらどうなるか。高緯度の大気を温める熱源の役をつとめていた温かい海水がやってこなくなるのだから、きっと、ヨーロッパなどでは気温が大幅にさがるに違いない。

そして、この現象は仮定の話ではなく、過去に現実におきていたらしい。

時はいまから約一万二〇〇〇年まえ。そのころの地球は、最後の氷期を脱して徐々に気温があがってきた最中だったのだが、約一万二〇〇〇年まえに急に寒のもどりがあって冷えこんだ時期がある。それが約一〇〇〇年間つづいた。

この奇妙な一〇〇〇年間を、気候学では「ヤンガードライアス期」とよんでいる。このヤンガードライアス期がおわると、また急に温度があがりはじめ、いまから八〇〇〇年ぐらいまえには、現在とほぼおなじような気候になっていたと考えられている。

さて、そのヤンガードライアス期。ヨーロッパの中部では、いまより六度から八度ほども気温が低かったと推定されている。一年間の平均気温で六度の差といえば、東京と青森の違いに相当する。どうして急に気温がさがってしまったのか。

こんな昔のことはわからない、といってしまってはおしまいだ。研究者たちは、厚い氷河のなかに閉じこめられた大昔の空気を分析したり、その当時の地層に含まれる花粉をもとに生育していた植物を推定したり、あるいはコンピューター・シミュレーションで昔の気候を再現することを試みたりしている。昔の気候を調べるというのは、気候や気象に関係するたくさんの研究者の総力戦なのだ。

このようにしてわかってきたのは、ヤンガードライアス期には、深層循環に狂いがでていたらしいということだ。その筋書きはこうだ。

当時、地球が温かくなってきたため、カナダにあった氷河が解けだして、海に大量の水が、しかも急にそそぎこまれた。すると、どうなるか。

多量の真水で海の塩分が薄まる。塩分が薄まれば海水は軽くなる。そのため、北大西洋では海面の水が冷やされても以前ほどには海水が重くならず、沈みこみが弱くなった。深層循環が、その出発点で弱まってしまったのである。

沈みこみが不十分なのだから、南の暖かいところからやってくる表層の海流も、これまでどおりには北まで流れてくることができない。こうして、南から運ばれる熱が減り、ヨーロッパは冷えてしまった。

深層循環の姿が変われば、気温が五度や一〇度くらい軽く変動してしまうのは、このような過去の例からもあきらかなのだ。

現在、氷河期？

ここで、「氷期」と「氷河期」という言葉についても説明しておこう。

いまは、このような言葉を使うと、どのような時代といえるのだろうか。

答えは「氷河時代の間氷期」だ。

氷河時代というのは、地球上のどこかの大陸に「氷床」がある時代のことだ。氷河は、降り積もった雪が押しかためられて氷のように固くなったもの。これには、山にある山岳氷河と、大陸を大きな規模でおおう大陸氷河の二種類がある。この大陸氷河のことを「氷床」という。

現在は、南極とグリーンランドに氷床があるので、立派な氷河時代なのだ。ちなみに、南極とグリーンランド以外の場所にある氷河は、すべて山岳氷河だ。

地球上のどこにも氷河がない時代は「無氷河時代」とよばれ、氷河時代と無氷河時代は数億年のスケールで交代する。いまの氷河時代は約三八〇〇万年まえにはじまったものだ。

氷河時代というのは、地球の歴史のなかでみるとたしかに寒い時代なのだが、ずっとおなじように寒いわけではなく、そのなかでも寒暖を繰りかえす。この暖かい時期と寒い時期にも名前がついている。寒くて氷床が増えていく時期を「氷期」、暖かくて氷床が減っていく時期を「間氷期」という。

氷期と間氷期は、約一〇万年のスケールで繰りかえす。現在は約一万年まえにはじまった間氷期のなかにある。

気候変動の大スケール

このように、地球の気候は、人間がまったく手を加えなくても、さまざまな時間のスケールで寒暖を繰りかえす。

人間が石油や石炭などを燃やして大気中に二酸化炭素を多量に排出していることが原因で地球温暖化がおきたとされているが、では、この地球温暖化が本当に人間が原因でおきていると断言できるのかと問われると、だれも答えられない。人間などいなくても、地球は自然の状態で温暖化したり寒冷化したりすることは、過去の例が実際に証明しているからだ。

もっとも、いまの時代の温暖化は、自然の温暖化にしてはペースが速すぎるようであり、人間活動の影響が濃厚だと多くの科学者は考えている。断言はできないが疑いが濃厚なので、手遅れになるまえに世界の国々が協力して二酸化炭素をだしすぎないようにしようとしているのだ。

これまで説明してきたように、海面の水温が高いか低いかによって、大気は大きな影響をうける。深層循環のように容易には変化しない雄大な流れが、なにかの拍子に姿を変えてしまうと、地球の気候もがらりと変わる。エルニーニョが発生すると世界の天候に異常がおきるのも、大気の状態を決めるのに海が大きな役割をはたしていることの好例だ。

わたしたちは空気のなかで生活する生き物だから、海のなかのできごとよりも大気のできごとのほうが身近に感じるが、その大気の変動には、それこそ何億年というスケールの気候変動から数年ごとに発生するエルニーニョによる異常気象まで、ことごとく海が関係しているのだ。海が気候を変える。そのことはわかってもらえたと思う。だが、地球の気候を変えるのは海だけなのだろうか。それ以外に気候変動をもたらす要因はないのだろうか。

つぎの章では、もっと視野を広げて、気候変動とはそもそもどういうものなのかをみていこう。

第７章

海が語る地球の気候

海を測る乗物・道具シリーズ　＜その８＞

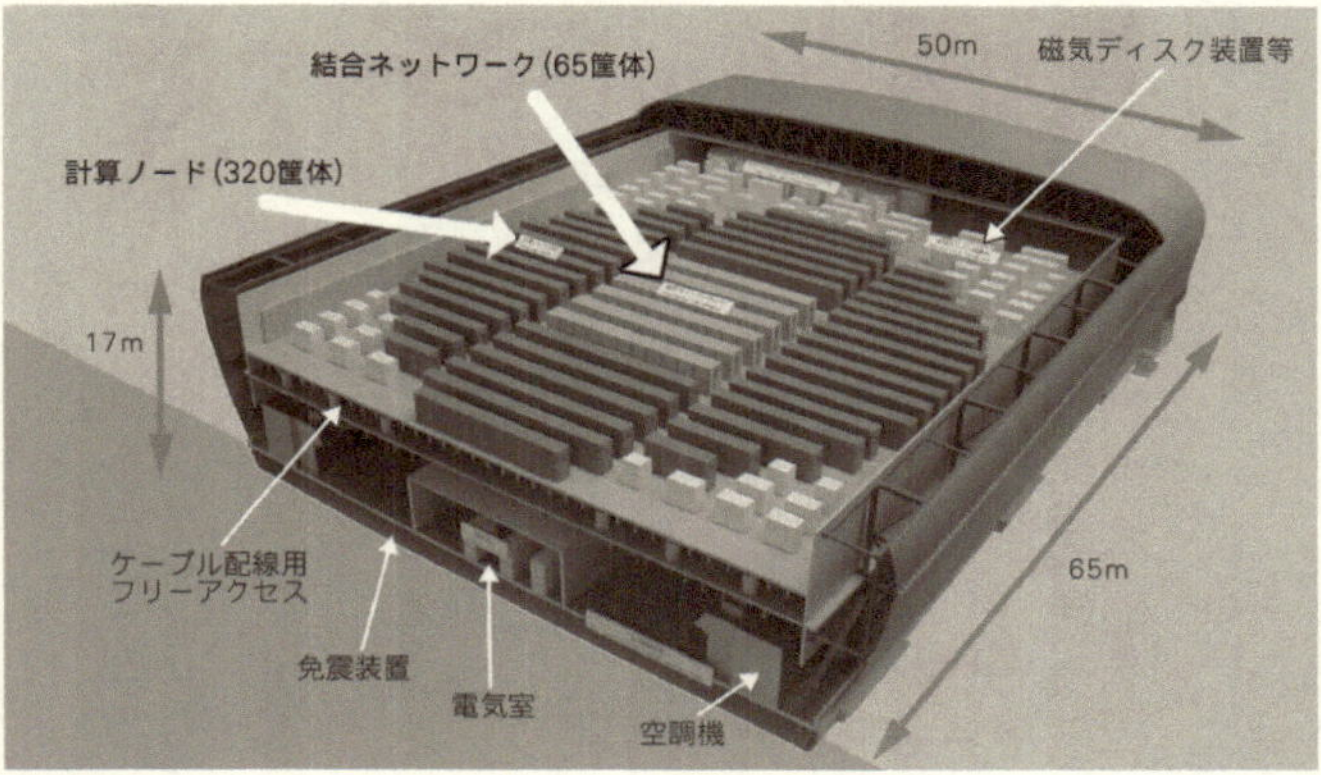

地球シミュレータ

海洋科学技術センターが運用する世界最高性能の地球科学研究用コンピューター。大気や海洋、地球内部でおきる現象を、これまでのコンピューターではできなかった高い精度でシミュレーションして、地球の謎に挑む。

7－1　気象を分析する

「気候」と「気象」の違い

これまでは、気候と気象という言葉を、きちんと説明しないで使ってきた。気候変動の話をさらに進めるまえに、まず、これらの解説をしておこう。

わたしたちの日常生活を振りかえってみるまでもなく、大気のなかでおきる現象は、さまざまな時間のスケールをもっている。すぐに変化する現象もあれば、変化がきわめて遅い現象もあるという意味だ。

低気圧が上空にやってきて天気が悪くなっても、それが一週間も二週間もおなじ場所にいすわることは、まずない。低気圧による悪天候は、数日もすれば回復する。高気圧もおなじこと。週末のハイキングを楽しみにしていたのに、週なかばの高気圧による好天が週末までもたなかった、などという経験はだれにでもあるだろう。つまり、高気圧や低気圧による大気の変化は、数日の時間スケールのできごとということになる。

もうちょっと時間スケールの長い現象としては、たとえば季節の移り変わり。夏と冬とでは太陽の高度が違うので、地球上のどの部分がよけいに温められるかが変化する。その影響が地球の大気の状態におよぶ。まあ、おおざっぱにいって、数か月のスケールで変化するできごとだ。

さらに、すでに説明したエルニーニョとそれにともなう異常気象は、数年スケールで変化する現象。最近は、十数年、あるいは数十年ぐらいのスケールで地球の大気の状態はがらりと変わっているのではないか、という研究もある。

長いほうでは、氷期や間氷期のような一〇万年スケールの変動や、氷河時代が来たり去ったりする数億年かかる変動もある。

大気の姿が変化するのにかかる時間は、現象の種類によって数日から数億年まで、じつにバラエティーに富んでいるのだ。

「気象」というのは、広い意味では、大気中でおきる現象すべてのことだ。暑くなるのも寒いのも、雨が降るのも風が吹くのも、すべて気象だ。

これに対して、「気候」は、かなり長期間の平均的な大気の状態のことだ。春のある日、高気圧におおわれて汗ばむほどの陽気になっても、「きょうの気候は異常に暖かい」とはいわない。気候という言葉は、きょうあしたで変わるような天気には使わない。

問題は、どれくらいの長さの時間の平均をとればよいのかという点。これについてはきちんとした定めがあるわけではないが、気候は、ふつう数か月よりも長い天候の平均像をさして使われることが多い。短めにとっても、せいぜい一か月だ。

春と夏とでは気候が違うというときは、春という季節の数か月の平均と、夏の数か月の平均とは違うという意味だし、「去年にくらべて今年は冷夏暖冬。去年とは気候が違うようだ」というときは年単位の平均だ。

「気象」という言葉は、この「気候」に対比して、狭い意味では数日程度までの短い大気状態の変化について使われる。短い時間で推移する大気の状態が気象、長い時間の平均が気候ということだ。

それでは「天気」は?

この気象のなかには、具体的には気温だとか風速、雨、雪などさまざまな大気の現象が含まれるが、これらのうち生活に密着しているものを中心にして、いまの大気の状態を一言でずばりと表したものが「天気」だ。

ある時点の大気の状態はさまざまな気象データの組みあわせによって表されるが、わたしたちにとっては、データの集まりよりも、わかりやすい表現のほうがありがたい場合も多い。だから、たとえば、「現在は雲量が二以上、八以下の状態」という気象データ的な言い方よりも、「現在は晴れ」という天気としての言い方がよく使われるわけだ。

ちなみに、雲量というのは、空全体の何割が雲におおわれているかを示す一割きざみの数値。気象庁では、雲の量が二割以上八割以下のときを「晴」ということになっている。これが一割以下だと「快晴」。雲量が九以上で、しかも空の高いところの雲が多い状態を「薄曇」、中層以下の雲が多いときは「曇」という。

いまみてきたように、大気の現象には、変化するのに短時間しかかからないものから、非常に長い時間をかけてゆっくりと変わるものまで、さまざまな時間スケールのものが含まれている。このバラエティーの豊かさは、時間についてだけではなく、空間的な広がりについてもいえることだ。

大気の動きのうち、広がりの小さなものからみると、まずは、風がビルなどにあたったときに下流にできる渦の「つむじ風」。これは一〇メートル規模の現象といってよいだろう。竜巻はそれより大きくて一〇〇メートル規模だ。

夏の入道雲、つまり積乱雲は一〇キロメートル規模の現象だ。梅雨どきの集中豪雨などをもたらす大気の流れは一〇〇キロメートルぐらい。台風や温帯低気圧、日本の上を西から東に動く移動性高気圧などは五〇〇キロメートルから千数百キロメートルぐらいのものだ。

これより大きなものとなると、夏は海洋から大陸に、冬は大陸から海洋に吹く大規模なモンスーン。これなどは一万キロメートルスケールの現象だ。エルニーニョによる天候の変化となると、もっと規模は大きい。

かりに、モンスーンの規模を人間の身長ぐらいに押し縮めたとすると、つむじ風など一〇〇〇分の一ミリメートル程度。もう、顕微鏡でなければみえない大きさだ。

研究者によっても使い方はやや異なるが、空間的な広がりが二キロメートルぐらいより小さい現象を「小規模」、二〇〇〇キロメートルよりも大きいと「大規模」、その中間を「メソスケール」の現象とよんでいる。「メソ」というのは「中間の」という意味だ。

そして、空間の広がりが小さい現象ほど変化に要する時間は短くてすむのがふつうだ。つむじ風は、一分、二分と「分」で計れるスケールで、モンスーンは「年」の単位だ。

気候変動の原因は?

気候の話にもどろう。大気の平均的な状態である気候も、長い長い時間のあいだには徐々に変化していく。たとえば一年間の平均気温が何十年もかけて変わっていくようなとき、この変化を「気候変動」とよんでいる。ある一定期間の大気の平均像が非常に長い時間をかけて徐々に変わっていくこと。それが気候変動なのだ。

では、気候変動を引きおこす原因はなんなのだろうか。

まえの章では、深層循環の変化が気候変動を引きおこした可能性があることを説明した。つまり、地球上でおきた気候変動の原因は、大気自体にではなく海流の変化にあったということになる。

気候変動の原因として、もうひとつ考えられるのは、地球と太陽との位置関係の変化だ。地球の気候のおおもとを決めるのは、太陽からの熱エネルギーだ。太陽から受け取るエネルギーとちょうどバランスする形で、地球は宇宙空間にエネルギーを放出して気温をほぼ一定にたもつ。気流や海流が動くそのエネルギー源も、もとはといえば太陽からの熱エネルギーだ。

だから、地球と太陽との位置関係が変わって受け取る熱エネルギーの量が増減すれば、地球の気候は変わる。深層循環の変化による気候変動が地球だけにおさまる現象だったのに対し、こちらは、地球外部にある太陽に気候変動の原因を求める考え方だ。

地球は太陽のまわりを一年かけて回っている。これを「公転」という。もし地球が、南極と北極を結ぶ軸をまっすぐに立てたまま太陽のまわりを公転しているならば、太陽をつねに真横にみることになり、いまどこを回っていようと状況にあまり変化はない。太陽にもっとも近いのは赤道の部分ということになる。

ところが、実際には、南極と北極とを結ぶ軸は、まっすぐ縦の方向から二三・五度だけ傾いている。つまり、地球はやや斜めになりながら太陽のまわりを回っているわけだ。だから、たとえば日本でも夏の太陽は高く、冬の太陽は低くなる。

この地軸の傾きのために、北半球の夏は南半球の冬になる。北半球の国々にとって太陽が高い夏には、南半球の太陽は低い。北半球が夏のときは、赤道よりもそのやや北側が太陽に近く、南半球が夏だと、赤道のやや南側が太陽に近いのだ。

このように、地球の北半球と南半球は、一年のなかで太陽との位置関係が変わる。だから季節はめぐる。この季節変化が、もっともわかりやすい気候の変化の一例だろう。

そして、この二三・五度という地軸の傾きも、長い時間をかけて変化する。傾きがゆるくて直立ぎみの二二・一度から、かなり傾いた二四・五度のあいだを、約四万一〇〇〇年かけて行き来する。過去の気候変動をみると、たしかに四万年とちょっとの周期で気温や大気中の二酸化炭素濃度などが変動している。ほかにこの周期で気候が変動する原因はみあたらず、この地軸の傾きの変化が影響しているのだと考えられている。

このほかにも、地球と太陽との位置関係にはいろいろなものがあって、それが長い時間をかけて周期的に変化する。

地球は太陽のまわりを周回しているが、その軌道は、まんまるの円ではなくて、わずかにつぶれた楕円になっている。このつぶれ具合が、一〇万年と四一万年の周期で変化する。

コマをまわすと、回転速度が落ちて倒れる寸前に、ぐらぐらと頭を振るような動きをみせるが、地球もコマとおなじように自転しながら頭を振っていて、これと軌道のつぶれ具合の組みあわせによる影響の周期が二万三〇〇〇年と一万九〇〇〇年。

過去の気候を調べてみると、さきほどの四万年ちょっとの周期のほかに、氷期と間氷期の一〇万年とか、ほかに二万数千年というのもたしかにあって、このあたりは太陽と地球との位置関係の変化、つまり太陽という外からの要因による気候の変動なのではないかと推定されている。

地球と太陽との位置関係の変化が気候変動をもたらすというこの説は、ミランコビッチという天文学者が一九三〇年ごろに提唱した。地球の気候に影響を与えると考えられるこのような周期の変動を、彼の名前をとってミランコビッチ・サイクルという。

このミランコビッチ・サイクルで地球に降りそそぐ熱エネルギーの量が変わるから、それにともなって地球の気候も変動するという考え方は、とてもすなおでわかりやすい。そう考えると、逆に、深層循環の変化による気候変動のように、外から地球に与えられるエネルギーが変わらないのに、海流と大気が自分で勝手に気候を変えるというのは、どうしてなのだろうという疑問がわいてくる。

ミランコビッチ・サイクルにより、地球と太陽との位置関係が変わる。そのため、地球にそそぐ太陽エネルギーが多い時期と少ない時期が交互におとずれる。多い時期がすぎれば、こんどは少ない時期になるので、地球は寒暖を繰りかえす。地球の気候を外から決めるミランコビッチ・サイクルには、地球を温めたら冷やす、そしてまた温めるという繰りかえしのサイクルが、きちんとできているのだ。

それならば、ミランコビッチ・サイクルが関係しない海流や大気の変化にも、変わってしまったらそのままというのではなく、またもとにもどるメカニズムが考えられるのだろうか。もしそれができなければ、地球の寒暖の繰りかえしは、ミランコビッチ・サイクル以外に考えられないということになってしまう。

ミランコビッチだけではない

たとえば、こんな具合に考えると、ミランコビッチ・サイクルなしでも、地球の気候が寒暖を繰りかえすしくみを説明できる。

地球が暖かくなっていったとすると、海から蒸発する水蒸気量が増えるので、雨や雪がたくさん降るようになる。雪がたくさん降れば、大陸の氷河の上に積もって氷河が成長していく。雪や氷は太陽のエネルギーを反射して地球を温まりにくくする性質があるから、氷河の面積が増えれば気温はさがる。

「地球が暖かくなると」というところから出発して、こんどは逆に「気温がさがる」ところまできたことになる。

つぎは、気温が低くなると、気温があがりはじめることを説明しなければいけない。それができれば、気候の寒暖がひとめぐりしたことになる。

地球の気温がさがると、海から大気に与えられる水蒸気の量が減って、雪も少なくなる。雪が少なくなる一方で、気温がさがったとはいえ、一定の割合で氷河は解けつづけるから、氷河の面積は小さくなる。

もう一息だ。

氷河の面積が小さくなれば、地表はまた太陽からの熱を効率よく吸収できるようになり、気温はあがりはじめる。こうして、またもとのように暖かい地球がもどってくるのだ。

まるで「風が吹けば桶屋がもうかる」というような話だが、気候変動の研究者は、このようなことをまじめに考えている。ミランコビッチ・サイクルのような外部からの影響を考えなくても、海と大気だけで寒暖の繰りかえしそのものは説明がつく。

ただ、実際に地球でおきたどの気候変動がどの原因にもとづくものなのかという点に関しては、まだ、すっきりとした結論がでるほどには研究は進んでいない。ミランコビッチ・サイクルも関係しているだろうし、気候変動の時間スケールによっては、海と大気だけでも説明がつきそう。そんな感じだ。

コンピューターは強い味方

過去におきた気候変動の原因を推定したり、将来の気候の変化を予測したりするのには、コンピューターによるシミュレーションが非常に強力な武器になる。

一九八〇年代の前半から気象や気候の研究にスーパーコンピューターが使われるようになり、シミュレーションのスピードが格段にあがった。計算のスピードがあがるということは、計算結果が短時間ででるというだけではなく、より複雑な計算ができるようになるということだ。

大気中の二酸化炭素が増加することでおきる地球温暖化について、その見とおしや生活への影響などを世界中の科学者が協力して検討する「気候変動に関する政府間パネル（IPCC）」が発足したのは一九八八年。そのなかで、さまざまな研究グループがおこなったコンピューター・シミュレーションが比較され、一九九〇年から二一〇〇年までのあいだに地球の平均気温は一・四度ないし五・八度あがるという予想結果をだした。

IPCCの活動がはじまったのは、ちょうどスーパーコンピューターの計算スピードが年を追うごとにどんどん速くなっていった時期。シミュレーションの方法も進化していった。もしコンピューターの進歩がもっと遅れていたら、地球温暖化を予測する科学者たちは、このような結論をうまく導けなかったかもしれない。

コンピューターによる気候予測がどのようにしておこなわれるのかを説明するまえに、気候変動の代表として、これまでにも言葉だけは使ってきた地球温暖化について、きちんと説明しておこう。

犯人は二酸化炭素？

人間がまだいない過去に氷期と間氷期とがやってきたことからもあきらかなように、地球の気温は人間が手を加えなくても寒暖を繰りかえす。ほうっておいても、温暖化したり寒冷化したりするのだ。

温暖化したり寒冷化したりする原因は、地球と太陽の位置関係の変化だったり、海流の変動だったり、いろいろなものが推定されているが、温暖化の原因としていま社会的にも注目されているのが、大気中に成分として含まれている二酸化炭素や水蒸気などの濃度の変化だ。

とくに最近では、地球温暖化というと、たんに地球が温暖化するという自然現象ではなく、人間が活動する過程で石油や石炭などを大量に消費し、その排ガスとして大気中に放出する二酸化炭素が地球の気温を急激に押しあげることを指すようになった。人間活動が地球を加熱するという意味あいで使われるのだ。

では、どうして二酸化炭素が地球の気温をあげるのだろうか。

地球を温めるおおもとは、太陽から届くエネルギーだ。ただ、そのうちの三割は大気や地面に反射されて、地球を温めることなく宇宙空間にもどっていく。二割は地球表面に届くまえに大気に吸収される。そして残る半分が地表面に吸収される。

太陽が地球の表面を温めるエネルギーは、おもにわたしたちの目にもみえる光の形で送りこまれる。太陽が輝く昼間、地面はその光に照らされて温かくなっているのが、手を触れてみるとわかる。

ところが、朝になると地面は冷えている。夜のあいだに、地面にたまった熱が放射されてしまったのだ。あたりまえのようだが、夜は暗い。地面から放射される熱エネルギーはわたしたちの目にはみえないからだ。おなじようにエネルギーを運んでいても、太陽からくる光は目にみえるけれど、地面からの放射はみえない。

わたしたちの目は、電磁波の仲間のうち、ふつう「光」とよばれているものにだけ反応するようになっているのだ。この光は「可視光」ともいわれる（図7-1）。「みることが可能な光」という意味だ。テレビやラジオの信号をのせて空中を伝わってくる電波も太陽からの光も電磁波の仲間。そのほかに紫外線や赤外線、それにエックス線もおなじ電磁波だ。

どんなものでも、熱をもっている物体は電磁波をだす。そして、どんな種類の電磁波をだすかは、その物体の温度で決まる。

太陽の表面温度は約六〇〇〇度で、放射する電磁波のなかには可視光がたくさん含まれている。

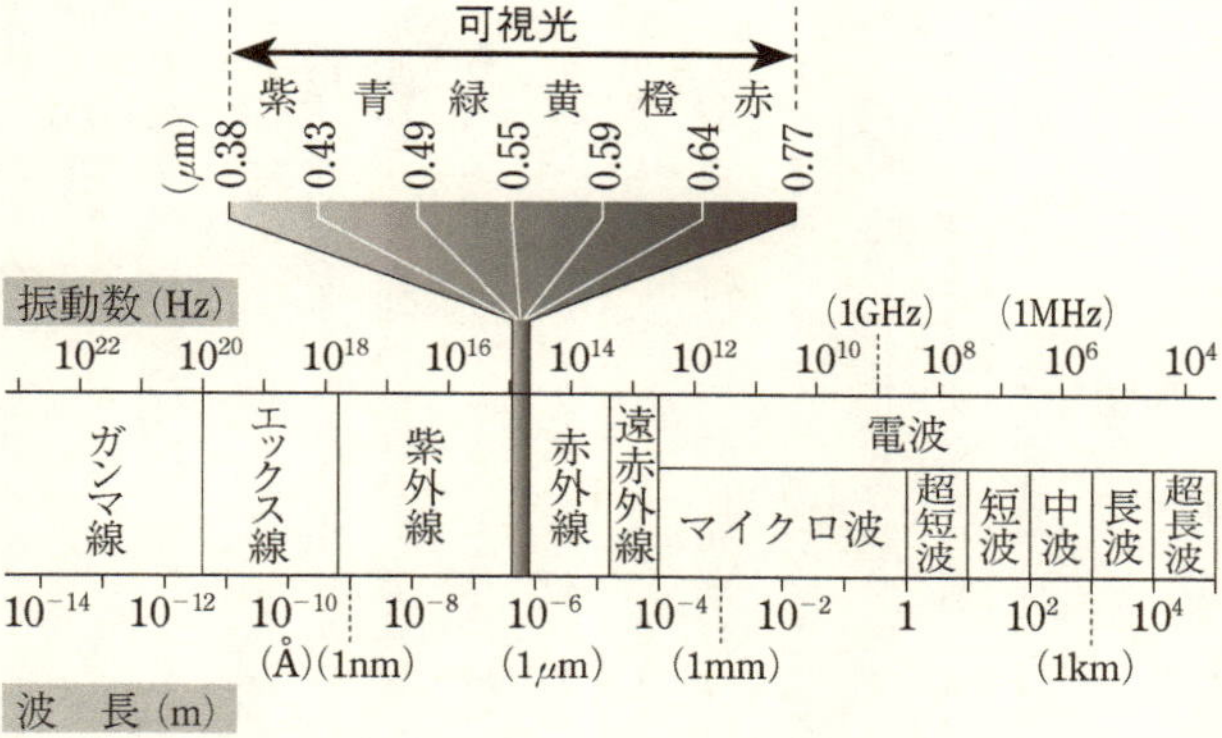

図７−１　電磁波とそのなかの可視光

この可視光が地球の大気を通過して地表を温めるのだ。

ところが、地球が放射する電磁波は違う。太陽のように熱くはないので、エネルギーの多くは赤外線として放出される。可視光ではなく赤外線として放出されるから、わたしたちの目にはみえない。地球の表面は、太陽からは可視光の形でエネルギーを受け取り、赤外線の形で放出するのだ。

このとき、入ってくる可視光もでていく赤外線も、おなじように大気を通過できれば、ここでいうような地球温暖化はおきない。

だが、大気に含まれる二酸化炭素や水蒸気には、可視光はよく通すけれども赤外線は通しにくいという性質がある。そのため、可視光として地表に到達したエネルギーは、外にでていきにくい。こうして、地球の表面に近い大気は、まるで二酸化炭素の毛布にくるまれたように保温されて気温が高くなる。あるいは、まるで温室のなかにいるようだといってもよい。

このようにして二酸化炭素などが地球の大気を温める効果を、「温室効果」という。そして、この温室効果をもたらす二酸化炭素や水蒸気などの気体を、「温室効果ガス」という。

温室効果をもたらす大気中の二酸化炭素は、大気中にどんどん増えている。一八世紀の産業革命よりまえには、大気中の二酸化炭素濃度は二八〇ｐｐｍだった。「ｐｐｍ（ピーピーエム）」というのは濃度などを表すときの単位で、一ｐｐｍとは全体の一〇〇万分の一のこと。全体を一〇〇とするパーセントでさきほどの二酸化炭素の濃度を表すと〇・〇二八パーセントとなり、数字が小さくなって使いにくい。そんなときにｐｐｍを使うのだ。

二酸化炭素は、自動車がガソリンなどの石油系の燃料を燃やしたり、火力発電所で石炭を燃やしたりすると、その排ガスとして発生する。人間の生活が工業化されて便利になると、どうしても二酸化炭素の排出量が増える。

そんな事情で産業革命以降は大気中の二酸化炭素は急増し、一九九〇年代半ばには三五〇ｐｐｍを超えた。そして多くの科学者たちが、二酸化炭素が増えつづけると地球の気温は大幅に上昇するだろうと考えているのだ。

こうしてみると、二酸化炭素は地球の気候にとって悪者のような感じだが、じつはそうではないことを二酸化炭素のために弁護しておこう。

たしかに二酸化炭素があると地球の気候は温暖化するが、わたしたちがこうして暮らしていられるのも、じつはこの二酸化炭素などの温室効果ガスのおかげなのだ。

もし、温室効果ガスがないとして計算すると、地球の平均気温はマイナス一八度になってしまう。現在の地球の平均気温は一五度ぐらいだから、温室効果のおかげで地球の気温は三三度も高くなっているということだ。

マイナス一八度というと、家庭用冷蔵庫の冷凍室に近い温度。水もなにも凍ってしまうから、このような生命あふれる地球ではいられない。地球という温和な星に住んでいられるのも、二酸化炭素をはじめとする温室効果ガスのおかげなのだ。

7-2　気候を予測する

一〇〇年後の気候を知ろうとすれば……

さて、この地球温暖化で、将来の気候がどのように変化していくかを調べるには、コンピューターによるシミュレーションがほとんど唯一の方法といってよい。

コンピューター・シミュレーションをおこなうには、海洋や大気、陸地などからなる仮想的な地球を、コンピューターのなかに作りあげる。具体的にはプログラムという数式の集まりだ。流体にどのような力が加わると、どのような動きがうまれるかを表すナビエ・ストークスの方程式や、大気が温められたり冷やされたりしたときに気温や密度がどう変化するかを示す式など、いろいろな方程式を組みあわせて使う。

計算にはいくつかの方式があるが、たとえば、大気の部分をジャングルジムのように立体的な格子に分割する。一辺が数百キロメートルの格子だとしても、地球全体をおおうとなると膨大な数になる。

この格子のひとつひとつについて、得られているデータを出発点にして、それからちょっと時間がたったときに風の向きや気温、湿度などがどう変化するかを計算する。つぎに、いま計算で得られた風向きや気温などをもとに、さらにちょっとさきの風向きや気温を計算する。これを延々と繰りかえす。

一〇〇年後の気候を知りたいと思っても、それを一発で計算することはできない。少しずつ小刻みに進めていかないと、計算に狂いがでることがわかっているからだ。

それに、この格子の大きさというのも、研究者の悩みの種だ。大気の現象は、広がりが一〇メートル程度の小さいものから何千キロメートルにおよぶ大規模なものまで、じつにバラエティーに富んでいる。だが、コンピューター・シミュレーションでは、設定した格子のサイズより小さな現象は再現できない。一センチメートル単位の目盛りがついている物差しで、一ミリメートルの大きさのものが測れないのとおなじことだ。

それなら、格子のサイズを小さくして、小から大まですべての現象を再現すればよいと思うかもしれないが、そうはいかない。

格子の東西のサイズを半分にして、南北も半分にすれば、格子の数は二かける二で四倍になる。高さも半分にすると、さらに二倍になって八倍。じつは、格子のサイズを半分にすると、計算でちょっとずつ将来に進んでいく時間刻みも半分にしなければならないので、計算量としては一六倍になる。

単純に考えると、もともと一日で計算が終了していたはずのシミュレーションが、格子のサイズを半分にすると二週間以上かかるということになる。こんなわけで、自分の使うスーパーコンピューターの性能と相談しながら、格子のサイズを、つまり大気現象の解像度を決めるのだ。

日々の天気予報のためにおこなうコンピューター計算も、よく似たシミュレーションの方法を使う。ただし、この場合は、海面の水温は変化しないと考えても大丈夫だ。大気の動きや気温変化の速さにくらべて海の変化はとてもゆっくりしているので、何日間かさきまでの予想なら、海の状況は変わらないと仮定しても現実と大きくずれることはないからだ。これは、海の変化を計算しなくてもよいということで、手間がはぶけて大助かりだ。

だが、気候変動の予測では、こうはいかない。長い時間のあいだに、海の流れは変わる。深層循環の変化が、急激な気候変動をもたらすかもしれない。だから、大気の状態の予測に加えて、海洋のシミュレーションも同時に進めなければいけない。

地球科学の総力戦

大気の温度や風の動きが変化すれば、それが海流に影響をおよぼし、海流が変動すれば、それによって大気の状態も変わる。気候変動の研究では、海洋と大気とがお互いに影響を与えあうことが本質的に重要なのだ。

だから、これまでは気象分野の研究者がもっていた大気についての知識と、海洋学者の海についての知識が融合しなければ、気候変動の研究はうまく進まない。それだけではなく、昔の気候を知ろうとすれば地質学者の協力が必要だし、おなじ海洋学のなかでも、海流の動きを専門にする海洋物理学者は、海水の成分分析などから海水の循環を調べる海洋化学者と手を取りあわなければいけない。

ようするに、気候変動の研究は、地球科学の総力戦なのだ。

日本の学問の世界は、米国などにくらべて流動性が少ないと指摘されている。能力のある人は、どんどん未知の分野にチャレンジしていくものだ、という考え方が足りない。たとえば、大学院時代に海洋物理を勉強すれば、そのまま研究者になって、十年一日のごとくおなじテーマで研究をつづける人が珍しくない。

そのようなやり方も、研究上の知識と経験が積み重なっていくのだから、もちろん悪い面だけではないが、「この道ひとすじ何十年」という生き方が裏目にでると、自分の狭い専門領域に閉じこもって異分野との交流を嫌い、気候変動に代表されるような学際的な研究が進みにくくなるということにもなりかねない。

実際に、米国での研究生活が長い世界的に知られた気候変動の研究者が日本に滞在したとき、「日本では、わたしが海流の話をすると、『気象学者が海に口をだすな』という感じなんですよ」と困惑していた。気候変動のシミュレーションをしているのだから、研究内容には、もちろん海流の計算も含まれているのだが、育ちが気象学だというだけで、日本ではこのような反応にでくわすのだという。

まあ、それはそれとして、もうさきに進もう。

バタフライの呪縛

気象や気候の予測が困難なのは、これらが非常に複雑なシステムで動いているからだ。

ひとくちに「複雑さ」といっても、いろいろなタイプの複雑さがある。

たとえば「自然にはさまざまな現象が潜んでいるので、すべてを把握することは不可能だ」というのも複雑さのひとつ。ただ、これは、すべてを把握するには気が遠くなるほどの時間がかかるという複雑さで、逆にいえば、時間さえかけて丹念に調べれば、理屈のうえではなんとか解決可能な、比較的単純な複雑さだ。

ここでお話ししたいのは、これとは違う複雑さだ。「はじまりの条件がちょっと違うだけで、引きおこされる結果がとんでもなくずれてしまう」という困った複雑さなのだ。さきほどの複雑さが、自然を把握する困難さに関係する静的な複雑さだとすれば、こちらは、自然現象の変化のメカニズムに関連する動的な複雑さだといってもよい。

この動的な複雑さを象徴する「バタフライ効果」という面白い話がある。バタフライとは、もちろん英語で蝶のこと。「中国の北京で蝶がはばたくと、米国で嵐がおきる」というのが、このバタフライ効果だ。

もちろん、これは科学的な事実を述べたのではなく、自然現象の複雑さを象徴的に表した言葉だ。中国にはたくさん蝶が飛んでいるだろうから、蝶がはばたくたびに嵐がおきていたのでは、米国だってたまったものではない。

北京で蝶がはばたくか、はばたかないか、という違いは、地球の大自然にとっては本当に小さなできごとだ。しかし、蝶のはばたきによるこの小さな空気の乱れが、やがては嵐という巨大な現象に発展する可能性だってある、ということをいっているのだ。

あるとき、ある場所での、ほんのちょっとした風速や気温などの違いがだんだん増幅されて、大きな違いになって現れる。気象は、このような特徴をもっている。海の現象もおなじ。このような大気や海洋の現象の複雑さを象徴的に「バタフライ効果」とよぶのだ。

天気予報が、ときどき大きくはずれてしまうことがあるのも、このバタフライ効果と関係が深い。天気予報は、ある時点での気温や湿度、風速などの気象データを出発点にして、そのさき予測される天気をコンピューターで計算していく。このとき、最初の気象データにちょっとでも誤差が含まれると、その誤差が増幅されてまったくでたらめな予測結果となってしまうことがありうる。

それに、このようなコンピューター・シミュレーションでは、大気全体を格子に分割して、その格子単位で風や気温を計算するから、格子よりも小さな現象はシミュレーションにはきちんと反映されず、その意味でも、誤差を避けることはできない。

これらの誤差が増大しないように最大限の工夫はしているのだが、このバタフライ効果の呪縛からは、最終的には逃れられない。

将来の気候を予測する研究でも、このような厳しい状況のなかで、それぞれの研究者が独自のアイデアを入れながら苦闘している。その成果のひとつが、さきほど説明した地球温暖化による気温の上昇幅の推定なのだ。

コンピューター・シミュレーションによる気候変動の研究では、このほかにも、とても興味深い結果がでている。現実的な条件をもとに現在の気候を再現しようとしたら、二通りの異なる気候の状態がでてきたというものだ。

ひとつは、現在の気候とよく似た結果。もうひとつは、北半球の高緯度の気温が、それより三度ほども低くなっている状態だ。気温の低いほうの結果をよくみると、北大西洋の北部で沈みこむ深層循環が弱くなり、南から北上して熱を運んでくる表層の海流も衰えていることがわかった。北大西洋の海面水温は、北部を中心に五度以上も低くなっている。深層循環の衰えで地球が寒冷化するかもしれないことが、実際にシミュレーションで示されたわけだ。

面白いのは、太陽から与えられるエネルギーなどの条件がおなじなのにもかかわらず、ふたつの違う状態が計算の結果としてでてきたことだ。

太陽エネルギーのような、地球の状態を外部から束縛するなんらかの条件が変わったときに、地球の気候もそれに応じて変わるというのなら、理屈としてもわかりやすい。しかし、この研究結果は、同一条件のもとで二通りの地球が存在する可能性があり、現在の気候は、たまたまそのうちの一方が実現しているにすぎないことを主張している。

ということは、約一万二〇〇〇年まえに北大西洋で深層循環に狂いがでて急に気候が寒冷化した「ヤンガードライアス期」というのは、現在のわたしたちにとって遠い過去のできごとではなく、太陽などの条件がいまのままでも、なにかの拍子に急に現実のものとなってしまう、もうひとつの地球の姿なのかもしれないということなのだ。

あるとき突然に、思いあたる原因もないのに北大西洋北部で表層水の沈みこみが弱くなり、深層循環が衰えて地球が急速に寒冷化する。そんなことが現実におきるかもしれないということだ。

こんな地球の運命は、コンピューター・シミュレーションでなければ描くことはできない。まさにコンピューターの独壇場だ。紙と鉛筆を使った計算では、とてもこんな結果はだすことができない。

ただ、誤解してほしくないのは、コンピューターさえあれば研究者などどうでもよいというわけではないことだ。このコンピューターに計算の指示をだしているのは、ほかならぬ研究者なのだ。研究者がいいかげんなら、コンピューターは忠実にいいかげんな結果をだしてくる。

世間には「コンピューターで計算したのだから正確な結果だろう」と思っている人も多いようだが、それは違う。そのコンピューターにどのような計算をさせるかは人間がいちいち考えているのだから、人間の知恵を超えることはコンピューターにはできない。

具体的にいえば、地球の気温を大きく左右する雲のできやすさを、シミュレーションのなかではどれくらいに設定するか、などというさじ加減は、それぞれの研究者によって微妙に流儀が違う。コンピューターによる計算といっても、研究者によって結果がまちまちになるのは、このあたりにも原因がある。

現在の大気や海洋のコンピューター・シミュレーションは、まだまだ完成品ではない。寒くなって海に氷が増えたとき、その影響はどのようにでるか、という点なども、現在さかんに研究が進められている分野だ。しかし、不十分な点がたくさん残っていることを承知でいえば、やはりコンピューター・シミュレーションというのは、気候変動の研究にとって、代わるものがないほどの強力な手段だといえる。

地球の気候は多重解?

さて、さきほどの「二通りの地球」について、もう少し説明しておこう。

地球の気候は、海と大気とが影響しあって決まる複雑な巨大システムだ。このような複雑なシステムでは、システムの状態を決めるための条件がおなじなのに、一通りではなくて何通りもの状態が出現することがある。

もう少し専門的ないい方をすると、このシステムの状態を決めるための方程式が複雑だと、その方程式を解いたときの答えが一通りに決まらず、何通りもの答えがでてきてしまうということだ。このようにして得られた方程式の複数の答えを「多重解」という。「解」というのは、方程式を解いて得られる答えのこと。真の答えになる可能性のある解が、いくつも重なるようにでてきてしまうという意味だ。

　コンピューター・シミュレーションで得られた二通りの地球は、まさにこの多重解だといえる。自然は複雑だから、この多重解の状態が、このほかにもあちこちに顔をだしているらしい。

図７－２　「直進路」と「大蛇行路」

　その一例が、日本の南岸を流れる黒潮。この黒潮の流れる道筋、つまり流路は、大きくわけて二通りある。ひとつが、日本の南岸に沿うようにまっすぐに流れる「直進路」。もうひとつは、紀伊半島の沖あいで大きく右にカーブして日本から離れ、伊豆半島のあたりにもどってくるように蛇行する「大蛇行路」だ（図7-2）。

　この黒潮の流路をコンピューター・シミュレーションで調べてみると、黒潮を含む亜熱帯循環系を動かす風などの条件が同一なのに、「直進路」「大蛇行路」の両方が再現される。これも自然のなかの多重解といってよいだろう。

ただ、気候にしろ黒潮の流路にしろ、多重解のうちのどれが、どんなときに現実のものになるかという肝心な点については、よくわからない。「複数の状態がありうる」というだけで、どのような理由でそのうちのひとつが実現するのかは、うまく説明できないということだ。

しかも、現実とよく似た複数の状態が理論的に多重解として再現されたことはたしかなのだが、逆に、たとえば現実の黒潮の「直進路」と「大蛇行路」が本当にこの多重解なのかは、証明のしようがない。机上の論が本当に現実の自然現象の説明になっているのかという根本的な問題だ。

亜熱帯循環の勢いが強いときはビュッと直進して、弱いときはくねくねと蛇行するのかもしれない。それならば、同一の条件に対して複数の状態が存在するわけではないから、多重解としての説明は的外れということになる。黒潮の直進路と大蛇行路がどのような条件で発生するのかは、いまのところ、まだわかっていない。

これまでは、何万年スケールの気候変動とか、一〇〇年スケールの地球温暖化について話してきたが、もっと短い時間でおきる気候変動にも海の状態が大きくかかわっている。

冷たい海水の潜水艦

ある海洋物理学の研究者が、岩手県の宮古の六月から八月までの平均気温を一九二〇年ごろにまでさかのぼって調べてみたら、不思議なことに気づいた。この平均気温はもちろん年によって上下するのだが、その上下幅が、ある時期を境に急変しているのだ。

二〇年代、三〇年代は、年による気温の高低の振れ幅が大きい状態がつづいてきたのだが、五〇年代半ばになると、急にこの振れ幅が小さくなった。つまり、以前は暑い夏と寒い夏の差が大きかったのに、五〇年代半ば以降は、似たような夏が毎年訪れるようになったということだ。

ところが、七〇年代になって、再び振れ幅が大きくなり、昔の状態にもどった。どうも、一〇年、あるいは数十年スケールで、大気の状態ががらりと変わっているようなのだ。

たしかに、ある程度の年配になれば、「現在の気候は、自分が子どもだったころとは違うようだ」と感じることがある。この実感とも一致する研究結果だ。

この変動を作りだす候補にあがっているのが、海の状態の変化だ。

十数年で気候をがらりと変える海の側のメカニズムとして、こんなことが考えられている。たとえば、北太平洋の中緯度で気候が寒冷化して海面の水温がさがったとする。すると、この海水は重くなって少し沈み、大きなかたまりとなって海中を潜水艦のように移動する。この冷たい海水の「潜水艦」が、温かい赤道近くの海域で上昇して海面にでる。

すると、もともと表面水温の高い海域が、このわきあがった冷たい海水のために冷やされ、大規模な高気圧や低気圧のパターンなどに影響を与えて気候を変える。推定では、この潜行にかかる時間が一〇年程度だという。

ちょっと擬人化していえば、海水のかたまりは、一〇年も昔に自分がべつの場所で大気に冷やされたことを記憶しているということだ。海は過去の気候を記憶しているのだ。

イワシが高級魚になる日

海面水温が、ある時期を境にして急に変わるという現象に関連して、面白い研究がある。マイワシという魚は、かつては日本近海で大量に獲れ、わたしたちの食卓にのぼる代表的な大衆魚だった。ジュッとあぶらののしたたる塩焼きもおいしいし、新鮮な刺身も、またよい。ところが近年、このマイワシがほとんど獲れなくなってしまった。一九〇〇年以降の日本産マイワシの漁獲高をみると、そのピークは過去に二度あった。一度は三〇年代で、もう一度は八〇年代。八〇年代には年間で五〇〇万トンも水あげされ、日本の総漁獲量の半分をしめていたところがである。八八年を境に漁獲量は激減してしまった。九〇年代半ばには一〇〇万トンを割りこみ、いまや希少な高級魚になってしまいそうだ。

さて、その理由だが、可能性としてはいろいろ考えられる。気候変動や黒潮の大蛇行の影響、あるいは、おなじようなえさを好む他の魚との競合関係かもしれないし、乱獲などという話もあった。だが、いずれも決め手に欠けていた。

そこで、ある研究者が、この謎を追った。マイワシの量が減っているのはたしかなのだが、具体的には、どのような減り方をしているのか。この点を調べてみると、激減したのは、すでに成長して大きくなったマイワシではなく、卵からかえって一年未満の幼魚だということがわかった。大きなマイワシが根こそぎいなくなったのではなく、幼魚の数が減った影響がマイワシ全体にじわりと波及したのだ。

となると、その原因だ。こんなとき、海洋物理学者は、さまざまな海洋データのなかで、マイワシの幼魚の増減と一致して変化しているものはなんなのかを、しらみつぶしに探すのだ。

そうしてみつけたのが、日本から東に二〇〇〇キロメートル前後も離れた太平洋の冬の水温変動だった。この海域の水温が低い年は幼魚の生存率が高く、水温が高い年は生存率が低い。

この海域は、日本の南岸で早春に卵からかえった幼魚が、黒潮に流されてきて冬を過ごすところ。このときに、栄養分が豊富な冷たい水が深いところからわきあがれば、幼魚は死なずにぐんぐん成長し、このわきあがりが低調になって海面水温が高いときには、栄養不足で幼魚の生存率がさがるということではないか。

実際にデータを調べると、この海域では、一九四二年と一九八八年に、急に海面水温が上昇している。これがマイワシの不漁を引きおこした疑いが濃厚だ。なぜ急にマイワシが獲れなくなったのかという疑問に対して、急に海面水温があがってしまったからだという答えがでてきた。では、なぜこの急激な水温上昇がおきたのかと質問したいところだが、残念ながら、いまのところわかっていない。

ジャンプ

このように、海の状態や気候は、徐々に徐々に変化していくだけではなく、ある時期を境に急にべつの状態に移ってしまうことがある。これを気象学者や海洋学者は「ジャンプ」という。海や大気が、ある状態からべつの状態に一気にジャンプするのだ。このジャンプの原因を解明することが、さしあたり、地球の気候や海流の変動についての理解をさらに深めるための、ひとつの方法かもしれない。

終　章

社会と科学との
かかわり方

海を測る乗物・道具シリーズ　＜その９＞

セジメントトラップ

海中を沈んでいくプランクトンの死骸などを収集する装置。地球温暖化の原因にもなる大気中の二酸化炭素は、海に溶解して植物プランクトンに取り込まれるので、その量の測定は地球環境の研究に欠かせない。

まずは、科学に接してみよう!

科学って、いったいなんだろう。「科学」と聞いて、どのようなイメージを頭に浮かべるだろうか。

正しいもの、絶対的なもの、答えがひとつのもの、客観的なもの……。「それは科学的にみておかしい」といわれれば、なにかこちらが本当に考え違いしているようで、それ以上の反論ができなくなる。科学には、どうも、間違いがなく客観的で確固としたものというイメージがともなっているようだ。

そしてもちろん、この本でお話ししてきた海洋学や気象学、気候学も、科学のなかのそれぞれ一分野だ。

この科学の研究を進めるのが科学者とよばれる人たち。大学などの研究室で机に向かい、新しい成果がまとまれば、学会で発表して論文を書く。

世間でわからないことがあれば、大学の偉い先生に聞く。「この病気は治りますか」。「いいえ、治りません」。かつて、世間はこれで納得したのだ。科学者は正しいことをいろいろ知っていて、世間はときどきその知恵のお世話になる。科学はなんにでも答えをだせる、いわば社会にとっての先生のようなものというわけだ。

ところが、地球温暖化問題をきっかけに、このような古い科学のイメージは一変した。一九七〇年ごろから地球の気温はたしかに上昇をつづけているが、その原因について、科学者たちの見解がわかれたのだ。

もし、わたしたちが便利な生活をするために石油や石炭などを燃やして多量のエネルギーを消費し、排ガスに含まれる二酸化炭素を大気中にまきちらしてしまったことが地球温暖化の原因なら、そのような消費型のライフスタイルを改めなければ、子孫に住みにくい地球を残すことになるかもしれない。

だが、一方で、もしこの温暖化が地球の自然な変動の一部なら、不便を忍んでまで石油の利用をおさえる必要はない。

このふたつの説のどちらが正しいのだろう。科学は、つねに正しい答えを教えてくれるものではなかったのか。科学者に聞けば、理路整然と正解に導いてくれるはずではなかったか。

じつは、科学というものは、つねに確固とした正しい事実を積み重ねていくものではなく、進歩をつづける先端部分では見解がわかれている。だから、地球温暖化のように、いままさに研究が進行しているテーマに対しては、科学はまだ正解を得ていないのがふつうだ。

科学はよく「客観的」だといわれる。だが、それは、たとえばある現象を観測したときに、だれが観測してもおなじ結果がでるという意味だ。逆にいうと、だれがやってもおなじ結果になるものしか、科学ではあつかわない。実験でもおなじこと。「この結果は彼にしかだせない」という神がかり的な実験は、科学の世界では無視される。観測や実験の結果が研究者の主観に左右されないという意味では、科学はたしかに客観的だ。

だが、科学には、もうひとつの大事な側面がある。その現象が、どのような原理でおきているかを探るという使命だ。そのとき、現象のどこに注目するかによって、なにが原理なのかが違ってくる。しかも、海にしろ大気にしろ自然は複雑だから、そこでおきる現象のどこが大切でどこが意味のない部分なのかは、判別しにくい。ここに科学者の主観が入ってくる。

ちょっと意外かもしれないが、現実には、どの原理が「正しい」のかは現在の科学者集団の大勢によって決まる。まあ、多数決のようなものだ。近代の科学がうまれるまえではあるが、過去には、太陽のまわりを地球が回っているという現在の「地動説」ではなく、地球のまわりを太陽のほうが回る「天動説」が宇宙の原理だった時代もある。原理は不変なものではない。

多数決だから、反対意見だってある。だから、科学者によって意見がわかれるのは当然のことなのだ。

地球温暖化問題は、そのように意見のわかれている科学者集団と社会とのあいだでもちあがった。世間が科学者に地球温暖化の原因をたずねても、すっきりとした答えが返ってこない。ある科学者は「間違いなく石油の燃やしすぎだ」という。ある科学者は「自然変動の一部だから、そのうちもとにもどる。現にわれわれ科学者は一九六〇年代に、『地球は寒冷化している』と大騒ぎしたではないか」と反論する。

では、二酸化炭素の排出について国際社会はどうすればよいのか。科学的に結論のでていない問題について、社会は判断を迫られたのだ。世界の気候学者たちは、「気候変動に関する政府間パネル（IPCC）」を組織してお互いの考え方を検討し、現在の地球温暖化は人間の活動が原因という見解を公表しているが、これも科学者の多数意見という性格のもので、真理を述べたものではない。

しかも、温暖化がわたしたちの生活にどう影響するかを予測しようとすると、複雑な社会のしくみまで考えに入れなければならなくなる。人間は意思をもって行動する主観的な存在だ。科学は、できるだけその主観の影響をうけないように、客観的であろうと努力しながら進展してきた。だが、温暖化が社会に与える影響を推定しようとしたとたんに、まさにその人間社会が中心テーマになってしまった。

海洋学や気象学、気候学は、二重の意味で、とても現代的な局面を迎えている。

まず、対象にする現象が複雑で、その複雑さが本質的に重要であること。古くからの物理学のように、ものごとを単純な要素に分解して分析し、あとでそれを加えあわせれば全体がわかるという手法では、自然現象は理解できない。従来の延長線上で研究しようとしても、うまくいかない。これは科学としての現代的な側面だ。

もうひとつは、いやおうなく社会とのかかわりを求められているという点だ。科学者が象牙の塔のなかから「研究中だから、まだわかりません」と叫んでも、世間は納得しない。社会は科学者を象牙の塔から公共の場に引っぱりだし、わかりやすい説明を求めようとしているのだ。その要請にこたえる形で、世界の科学者集団が政治的な判断はぬきにして科学としての総意を公表したIPCCの活動は画期的だ。

現代社会では、このように結論のでていない科学的テーマに対して、なんらかの判断が必要になることが多くなってきた。遺伝子組み換え食品の安全性や、生物や生体組織を生殖によらずに複製するクローン技術の人間への応用、生態系の保存などが、その好例だ。科学的に結論がでていないことを理由に、その応用の是非についての判断を社会が先送りすれば、場合によっては取りかえしがつかないことになるかもしれない問題が増えているのだ。

現代社会とのかかわりにおいて、科学が無力だというのではない。見解が対立する地球温暖化問題にしても、その結論だけではなく、それぞれの結論にいたった過程のなかにこそ、将来のリスクを減らす正しい社会的判断のための材料が、たくさん含まれているはずだ。

科学の進展でうまれた新たな技術を社会で応用したとき安全か危険かを考えるには、その根拠にさかのぼって社会全体で検討することが必要なのだ。「理屈はいいから、科学者は安全なのか危険なのか結論だけを教えてくれればよい」という安易な態度を社会がとれば、それに科学はこたえられないのだから、科学は社会から遊離してしまう。安全性と危険性を社会がきちんと検討して、もし危険ではあるがメリットのほうが大きいと判断すれば、それを実用化すればよいのだ。この判断の責任は、科学ではなく社会にある。

そのためにも心しておきたいのは、科学で大切なのは、公式を使って導いた結論だけではないということ。わたしたち人類が、だれもが納得できるように筋道をたててものごとを説明しようと最善の努力をしたとき、それがどういう説明の仕方になったのかというのが、まさに科学なのだ。それを社会と共有したい。

この本でも、結論だけを述べることはできるかぎり避け、初歩の初歩から考え方の筋道をたどるようにしてきたつもりだ。

そんななかで、ちょっと心配なのが、日本の社会が示す科学への関心の薄さだ。いろいろな調査で、日本の大人も子どもも、科学に対する興味が国際的にみて薄いという結果がでている。「政治や経済がよくわからない」と公言するのを世間体から遠慮する社会人でも、「科学は苦手」と平気でいう。

二〇〇二年度から小中学校でスタートした文部科学省の学習指導要領では、理科の内容が大幅に削減された。中学校の理科で教えていた天気図の作成は削除され、日本の天気の特徴は高校に先送りされた。

そして高校では科目の選択の幅が広がったため、義務教育から削除された内容を必修項目としてみんなが学ぶしくみにはなっていない。日本の大人が共有する科学の知識、科学的なものの考え方は、いっそう先細りしていく危機にある。

科学への関心が薄く、科学知識も貧弱な社会は、新聞やテレビなどのメディアが伝える科学の現況など読みも見もしないということになるのかもしれない。

この本をここまで読んでくれた人は、科学というのは、式など使わなくても、その考え方は相当なところまで理解できることがわかってくれたのではないかと思う。

説明には、じつはかなり高度な大学レベルの内容まで含まれていた。もし、この分野の研究者になろうとすれば、そのときは数式をもとにした厳密な勉強をしなければならないが、そうでないかぎり、これでもう十二分。これからも知的な社会人として科学を楽しんでいけるはずだ。

科学といえば公式と計算。そんな誤解を解くことを、この本のもうひとつの目的にしてきたつもりだ。

海の話といっても、この本で紹介できたのは、物理学の手法を使った海流の謎解きだけだ。海洋学には、このほかにも海の生き物をあつかう海洋生物学や、海底のなりたちを研究する分野もある。

これからもいろいろな科学に接して考え方の面白さにあらためて触れ、それが社会と科学とのかかわり方に興味をもつきっかけにもなってくれれば、とてもうれしい。

あとがき

やっと、この本を書きあげることができました。いつかは書かねばならないと思いはじめて、二〇年近くにもなります。ほっとしています。

私の現在の職業は、新聞に科学や技術についての記事を書く記者ですが、学生のころは、海洋学の研究者になろうと考えていました。大学院では黒潮の流れについてのコンピューターを使った実験で修士論文を書き、そのまま博士課程に進学したところで、ちょっとしたできごころも手伝って、新聞社に就職してしまったのです。

私を指導してくれた教官や先輩たち、それに友人たちにとって、私が新聞記者になるなどとは想像もつかなかったことでしょう。

とくに、私をつぎの世代の研究者に育てようとして親身になってくれた人たちには、なにか申し訳ないような気持ちを、ずっともちつづけてきました。先輩たちを超えるすばらしい研究成果をだすことで恩がえしをすることはできなくなったけれど、なにかの形で海洋学のためになる仕事をしたい。そういう個人的な気持ちが、この本を書く強い動機になりました。

道なかばで海洋学の世界を飛びだしてしまいましたが、そんな私に、かつて机をならべ、いまは若手から中堅の海洋学研究者へと変貌しつつある同期の友人や、私が学生のころからお世話になっている先輩たちは、惜しみなく協力してくれました。ここで一人ひとりのお名前はあげませんが、深く感謝しています。ありがとうございました。

気持ちのうえでは、この本が、私にとってのささやかな「博士論文」です。新聞記者としての本業と頭を切り替えながら原稿を書くのはなかなか大変でしたが、すくなくとも、まだこの気持ちをわかってもらうには早すぎる幼い娘と息子、そして妻に対しては、感謝をこめつつ胸を張ることができる本になったと思っています。

二〇〇三年七月

保坂直紀

参考文献

『海洋のしくみ』東京大学海洋研究所編　日本実業出版社　一九九七年
『地球の気候はどう決まるか?』住明正著　岩波書店　一九九三年
『図解雑学　異常気象』保坂直紀著　ナツメ社　二〇〇〇年
『図解雑学　水の科学』三島勇ほか著　ナツメ社　二〇〇一年
『海流の物理』永田豊著　講談社　一九八一年
『いまさら流体力学?』木田重雄著　丸善　一九九四年
『海洋観測物語』中井俊介著　成山堂書店　一九九九年
『海の不思議の物語』佐藤快和著　學藝書林　一九七七年
『自然読本　海』河出書房新社　一九八一年
『秋の街』吉村昭著　文藝春秋　一九八八年
『海洋の科学』蒲生俊敬著　日本放送出版協会　一九九六年
『気象の教室5　気象の数値シミュレーション』時岡達志ほか著　東京大学出版会　一九九三年
『改訂版　流れの科学』木村龍治著　東海大学出版会　一九八五年
『一般気象学　第二版』小倉義光著　東京大学出版会　一九八四年

『海と環境』日本海洋学会編　東京大学出版会　二〇〇一年
『海と地球環境』日本海洋学会編　東京大学出版会　一九九一年
『海を学ぼう』日本海洋学会『海を学ぼう』編集委員会編　東北大学出版会　二〇〇三年
『お天気の科学』小倉義光著　森北出版　一九九四年
『エルニーニョ現象を学ぶ』佐伯理郎著　成山堂書店　二〇〇一年
『力学』阿部龍蔵著　サイエンス社　一九七五年
『物理入門』山本義隆著　駿台文庫　一九八七年
『台風物語』饒村曜著　日本気象協会　一九八六年
『続・台風物語』饒村曜著　日本気象協会　一九九三年
『地球流体力学入門』木村龍治著　東京堂出版　一九八三年
『海洋科学基礎講座2　海洋物理Ⅱ』増沢譲太郎編　東海大学出版会　一九七二年
『漂着物事典』石井忠著　朝日新聞社　一九九〇年
『海流の贈り物』中西弘樹著　平凡社　一九九〇年
『天気図と気象の本』宮澤清治著　国際地学協会　一九九一年
『お天気となかよくなれる本』ガリィ・ロックハート著／グループW訳　丸善　一九九一年
『科学論の現在』金森修・中島秀人編著　勁草書房　二〇〇二年

『公共のための科学技術』 小林傳司編 玉川大学出版部 二〇〇二年

【事典など】

『地球と宇宙の小事典』 木村龍治ほか著 岩波書店 二〇〇〇年
『気象科学事典』 日本気象学会編 東京書籍 一九九八年
『理科年表』 国立天文台編 丸善

さくいん

＜な行＞

＜は行＞

N.D.C.452.12　282p　18cm

ブルーバックス　B-1414

謎《なぞ》解《と》き・海洋《かいよう》と大気《たいき》の物理《ぶつり》

地球規模でおきる「流れ」のしくみ

2003年7月20日　第1刷発行
2024年5月10日　第11刷発行

著者　保《ほ》坂《さか》直《なお》紀《き》
発行者　森田浩章
発行所　株式会社講談社
〒112-8001 東京都文京区音羽2-12-21
電話　出版　03-5395-3524
販売　03-5395-4415
業務　03-5395-3615
印刷所　（本文表紙印刷）株式会社ＫＰＳプロダクツ
（カバー印刷）信毎書籍印刷株式会社
製本所　株式会社ＫＰＳプロダクツ

定価はカバーに表示してあります。

ISBN4−06−257414−4

発刊のことば

科学をあなたのポケットに

二十世紀最大の特色は、それが科学時代であるということです。科学は日に日に進歩を続け、止まるところを知りません。ひと昔前の夢物語もどんどん現実化しており、今やわれわれの生活のすべてが、科学によってゆり動かされているといっても過言ではないでしょう。

そのような背景を考えれば、学者や学生はもちろん、産業人も、セールスマンも、ジャーナリストも、家庭の主婦も、みんなが科学を知らなければ、時代の流れに逆らうことになるでしょう。

ブルーバックス発刊の意義と必然性はそこにあります。このシリーズは、読む人に科学的に物を考える習慣と、科学的に物を見る目を養っていただくことを最大の目標にしています。そのためには、単に原理や法則の解説に終始するのではなくて、政治や経済など、社会科学や人文科学にも関連させて、広い視野から問題を追究していきます。科学はむずかしいという先入観を改める表現と構成、それも類書にないブルーバックスの特色であると信じます。

一九六三年九月　野間省一

ブルーバックス　物理学関係書（I）

79 相対性理論の世界　J・A・コールマン　中村誠太郎＝訳
563 電磁波とはなにか　後藤尚久
584 10歳からの相対性理論　都筑卓司
733 紙ヒコーキで知る飛行の原理　小林昭夫
911 電気とはなにか　室岡義広
1012 量子力学が語る世界像　和田純夫
1084 図解　わかる電子回路　加藤　肇／見城尚志／高橋　久
1128 原子爆弾　山田克哉
1150 音のなんでも小事典　日本音響学会＝編
1174 消えた反物質　小林　誠
1205 クォーク　第2版　南部陽一郎
1251 心は量子で語れるか　ロジャー・ペンローズ／A・シモニー／N・カートライト／S・ホーキング　中村和幸＝訳
1259 光と電気のからくり　山田克哉
1310 「場」とはなんだろう　竹内　薫
1380 四次元の世界（新装版）　都筑卓司
1383 高校数学でわかるマクスウェル方程式　竹内　淳
1384 マックスウェルの悪魔（新装版）　都筑卓司
1385 不確定性原理（新装版）　都筑卓司
1390 熱とはなんだろう　竹内　薫
1391 ミトコンドリア・ミステリー　林　純一

1394 ニュートリノ天体物理学入門　小柴昌俊
1415 量子力学のからくり　山田克哉
1444 超ひも理論とはなにか　竹内　薫
1452 流れのふしぎ　石綿良三／根本光正＝著　日本機械学会＝編
1469 量子コンピュータ　竹内繁樹
1470 高校数学でわかるシュレディンガー方程式　竹内　淳
1483 新しい物性物理　伊達宗行
1487 ホーキング　虚時間の宇宙　竹内　薫
1509 新しい高校物理の教科書　山本明利／左巻健男＝編著
1569 電磁気学のＡＢＣ（新装版）　福島　肇
1583 熱力学で理解する化学反応のしくみ　平山令明
1591 発展コラム式　中学理科の教科書　第1分野（物理・化学）　滝川洋二＝編
1605 マンガ　物理に強くなる　関口知彦＝原作　鈴木みそ＝漫画
1620 高校数学でわかるボルツマンの原理　竹内　淳
1638 プリンキピアを読む　和田純夫
1642 新・物理学事典　大槻義彦／大場一郎＝編
1648 量子テレポーテーション　古澤　明
1657 高校数学でわかるフーリエ変換　竹内　淳
1675 量子重力理論とはなにか　竹内　薫
1697 インフレーション宇宙論　佐藤勝彦

ブルーバックス　物理学関係書（II）

1701	光と色彩の科学	齋藤勝裕
1715	量子もつれとは何か	古澤　明
1716	「余剰次元」と逆二乗則の破れ	村田次郎
1720	傑作！　物理パズル50	ポール・G・ヒューイット＝作　松森靖夫＝編訳
1728	ゼロからわかるブラックホール	大須賀健
1731	宇宙は本当にひとつなのか	村山　斉
1738	物理数学の直観的方法（普及版）	長沼伸一郎
1776	現代素粒子物語	中嶋　彰／KEK（高エネルギー加速器研究機構）＝協力
1780	オリンピックに勝つ物理学	望月　修
1799	宇宙になぜ我々が存在するのか	村山　斉
1803	高校数学でわかる相対性理論	竹内　淳
1815	大人のための高校物理復習帳	桑子　研
1827	大栗先生の超弦理論入門	大栗博司
1836	真空のからくり	山田克哉
1860	発展コラム式　中学理科の教科書　改訂版　物理・化学編	滝川洋二＝編
1867	高校数学でわかる流体力学	竹内　淳
1871	アンテナの仕組み	小暮裕明　小暮芳江
1894	エントロピーをめぐる冒険	鈴木　炎
1905	あっと驚く科学の数字　数から科学を読む研究会	
1912	マンガ　おはなし物理学史	小山慶太＝原作　佐々木ケン＝漫画
1924	謎解き・津波と波浪の物理	保坂直紀
1930	光と重力　ニュートンとアインシュタインが考えたこと	小山慶太
1932	天野先生の「青色LEDの世界」	天野　浩／福田大展
1937	輪廻する宇宙	横山順一
1940	すごいぞ！　身のまわりの表面科学	日本表面科学会
1960	超対称性理論とは何か	小林富雄
1961	曲線の秘密	松下泰雄
1970	高校数学でわかる光とレンズ	竹内　淳
1981	宇宙は「もつれ」でできている	ルイーザ・ギルダー　山田克哉＝監訳　窪田恭子＝訳
1982	光と電磁気　ファラデーとマクスウェルが考えたこと	小山慶太
1983	重力波とはなにか	安東正樹
1986	ひとりで学べる電磁気学	中山正敏
2019	時空のからくり	山田克哉
2027	重力波で見える宇宙のはじまり	ピエール・ビネトリュイ　安東正樹＝監訳　岡田好恵＝訳
2031	時間とはなんだろう	松浦　壮
2032	佐藤文隆先生の量子論	佐藤文隆
2040	ペンローズのねじれた四次元　増補新版	竹内　薫
2048	$E=mc^2$ のからくり	山田克哉
2056	新しい1キログラムの測り方	臼田　孝

ブルーバックス　物理学関係書（Ⅲ）